통합과학
교과서
뛰어넘기

과학적 상상력과 문제해결력을 높여주는

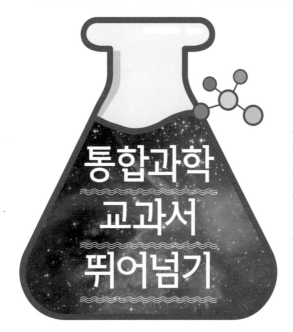

통합과학
교과서
뛰어넘기

신영준
김호성
박창용
오현선
이세연
지음

1

해냄

미래 사회에는
어떤 사람이 필요할까?

2030년 우리의 일과는 어떤 모습일까요? 상상해 봅시다. 지금의 학생들은 직장인이 되어 교통 통제 시스템이 자동으로 작동하는 무인 전기자동차로 출근을 합니다. 직접 운전하지 않아도 되고 교통 체증도 없을 테니 쉽고 편하게 출근할 수 있겠지요. 회사에 도착해서는 사원증 대신 생체 ID 카드로 출근을 확인하고 자리에 앉아 일을 시작합니다.

사무실에서 우리 제품에 관심을 갖고 있는 외국인 구매자와 회의를 시작합니다. 직접 만나지 않아도 얼굴을 맞대고 회의할 수 있습니다. 홀로그램 영상을 활용해서 말이지요! 외국어를 몰라도 문제없습니다. 시계처럼 차고 있는 웨어러블(wearable) 번역기가 있을 테니까요.

회의를 마치니 점심시간이 되었네요. 점심으로 무엇을 먹을까 하는 고민도 필요 없습니다. 나의 식성이 이미 프로그래밍되어 취향은 물론, 영양적으로 필요한 음식들이 건강 관리 서버에 자동으로 연결되어 있으니까요. 이에 따라 맞춤형 식사가 가능할 겁니다.

점심식사 후 짧은 낮잠을 청해봅니다. 빛과 소리의 조합으로 수면 환경을 최적화한 수면 캡슐에서 낮잠을 즐긴 후 다시 오후 업무를 시작합니다. 메시지 한 통이 와 있군요. 국회의원 선거에 참여하라는 내용입니다. 투표소에 직접 가지 않아도 됩니다. 생체 ID를 이용하여 모바일이나 웨어러블 기술로 내가 원하는 지역 일꾼을 뽑을 수 있습니다.

오늘도 회사 일을 잘 마쳤네요. 이제 슬슬 공연이나 하나 볼까요? 공연장을 찾는 번거로움이 없으니 마음이 편안합니다. 가상 현실과 홀로그램 영상을 통해 실제로 공연장에 간 것처럼 생생한 현장감을 느낄 수 있습니다. 밤늦은 시간에 집에 돌아오더라도 무인 드론이 방범 순찰을 돌며 보호해 줄 터라 무섭지 않습니다.

무사히 집에 돌아와 여름휴가 계획을 세웁니다. 인공지능이 여러 가지 휴가 계획을 계속 내놓습니다. 이번 여행에는 극초음속 비행기를 탈지, 진공 튜브 열차를 탈지 행복한 고민을 합니다. 무엇을 선택하든 세계 어디나 2시간 내에 도착할 수 있습니다.

이 모든 것이 정말 있을 법한 미래 모습일까요? 아니면 상상에 그칠 것 같나요?

미래에는 아직 아무도 가보지 않았기에 뭐라고 장담할 수 없습니다. 그러나 역사의 수레바퀴가 언제나 새로운 사회로 우리를 이끌었듯이, 미래가 지금과는 사뭇 다르리라는 것만은 확실합니다.

그런데 이렇게 미래 사회를 상상하다가 현재 우리의 교실을 떠올려보면 무언가 꽉 막혀 있는 것처럼 답답해집니다. 안타깝게도 교실에서는 지난 수십 년 동안 마치 인공지능 흉내라도 내려는 듯 공부해 왔습니다. 모든 사람들의 머릿속에 같은 지식을 넣으면서 실수 없이 정답 맞히기만을 강조했지요.

단순히 지식을 암기하는 것은 과학 공부의 전부가 아닙니다. 물론 기존에 완성된 지식을 이해하고 배우는 것도 필요합니다. 그러나 그것은 진정한 과학 공부를 위한 기본일 뿐입니다. 과학은 우리 주변에 일어나는 현상이나 원리를 '왜', '어떻게'라는 키워드를 중심으로 탐구해 나가는 과정입니다.

인공지능이 고도로 발전한 시대에는 올바르게 '과학하는' 모습이 더욱 필요합니다. 머릿속에 단순 지식을 차곡차곡 쌓아나가는 방식으로는 절대 인공지능을 이길 수 없습니다. 현재 인공지능은 축적한 지식을 바탕으로 통찰력을 발휘하는 수준까지 그 능력을 넓히고 있다는 사실을 우리는 눈여겨볼 필요가 있습니다.

인공지능과 구분되는 인간의 강점은 무엇일까요? 인공지능의 시작과 끝에는 인간이 있으며, 결국 인공지능은 가질 수 없는 지성과 감성이 우리에게는 있습니다. 이를 바탕으로 어떤 덕목을 길러야 할까요? 그것은 인간에 대한 이해와 사회에 대한 통찰, 자연과학적 원리 이해, 공학적 능력, 예술적이고 직관적인 능력, 세상에 없는 것을 상상하는 능력 등일 것입니다. 이미 알고 있는 지식을 기반으로 세상의 다양한 현상에 끊임없이 질문을 던지고 새롭게 인식하는 노력이 필요합니다.

학생들이 이러한 덕목을 기르는 데 도움이 되고자 『통합과학 교과서 뛰어넘기』를 준비했습니다. 자연에서 일어나는 다양한 현상을 소개하고 설명하는 과학 지식 전달은 물론이고, 인간으로서 혹은 공동체의 일원으로서 이에 접근하는 시도들을 병행했습니다.

이 책은 '2015 개정 교육 과정'에 따른 고등학교 『통합과학』의 핵심 개념을 따라갑니다. 통합과학의 핵심은 특정 분야에 한정하지 않고 여러 학문을 아우르는 개념이나 원리로 다양한 현상을 설명할 수 있도록 해주는 것입니다. 물론 과학 외의 다른 분야(교과)와 연계된 현상에 대해서도 설명을 제공할 수 있습니다. 이는 우리로 하여금 과학의 다양한 개념들을 통합적으로 이해할 수 있도록 도와줍니다.

통합과학의 핵심 주제가 총 9개로 방대하다 보니 한 권에 다 담아낼 수가 없어 두 권으로 나누었습니다. 1권에서는 주로 자연 현상을 '물질과 규칙성', '시스템과 상호 작용'의 측면에서 다루었습니다. 2권에서는 인류가 자연을 이용하고 변화시킨 내용을 중심으로 '변화와 다양성', '환경과 에너지' 이야기를 담았습니다.

미래 사회는 인문학적 상상력과 과학기술 창조력을 가지고 바른 인성을 겸비한 창의융합형 인재를 필요로 합니다. 이 책이 그러한 인재에 다가가기 위한 좋은 디딤돌이 되었으면 합니다. 이 책이 나오기까지 저자들의 노력도 있었지만, 해냄출판사 관계자 분들을 비롯한 다른 분들의 노력도 못지않게 소중했습니다.

이 책을 독자 여러분들과 함께 나누고 싶습니다. 책에 담긴 내용과 다른 의견이나 관점을 갖고 계신 독자들의 소중한 지적을 기대해 봅니다.

2019년 12월
저자 일동

자연 현상을
새로운 관점에서 바라보기

우리가 인정하든 인정하지 않든 세상에 존재하는 모든 것은 이미 융합적 존재입니다. 자연의 산물이나 과학기술 발전에 의한 산물, 종교적·문화적 문제, 모든 것이 융합적이라는 뜻입니다. 단지 지식의 한계에 따라 어떤 이는 물리학의 세계로 세상을 들여다보고, 어떤 이는 사회·문화적 관점에서, 어떤 이는 생활의 편리성 추구라는 관점에서, 어떤 이는 예술적 감성을 통해 세상을 들여다볼 따름이지요.

그러다 보니 사람들은 세상에 존재하는 사안을 마치 곤충의 모자이크 눈처럼 조각조각 갈라진 것인 양 바라보곤 합니다. 곤충의 모자이크 눈으로 보는 세상은 어떤 의미에서는 정밀할지도 모릅니다. 그러나 사람의 눈에 비치는 형상과는 다르게 왜곡되어 있지요. 세상을 보는 방식이 인간과 다르다는 뜻입니다.

사람의 눈에 비치는 자연은 조각난 형태가 아닌, 융합적이고 통합된 형태입니다. 그러므로 우리는 융합적인 존재인 자연을 바라보듯이 여러 가지 자연 현상이나 물질문명의 산물도 바라보도록 노력해야 합니다. 그리고 이러한 노력은 이미 시작되었습니다. 전 지구적인 차원에서 진행되고 있는, 자연과 사물을 조화롭게 바라보는 관점에서 출발하는 융합기술이 바로 그것입니다.

융합이 구호의 차원에 머물던 시대는 지났습니다. 융합은 두세 개 이상의 다양한 학문이 각각의 지적 자산으로 해결하기 힘든 문제가 있을 때 서로의 아이디어가 힘을 발휘할 수 있다는 점을 출발선상에 두고 있습니다. 이는 모든 것에 능통한 르네상스적인 사람을 기대한다는 뜻이 아닙니다. 우리가 당면한 기후 변화 문제, 신소재 개발 문제, 에너지 문제, 뇌 문제, 노화 문제 등 여러 가지 과제들을 해결하자면 융합을 통한 창의성과 전문성이 필요하다는 뜻이지요.

이렇게 보면 융합의 목적은 우리에게 중요한 문제를 해결하는 방법을 찾는 것이라고 할 수 있습니다. 그것이 개인에 달렸건, 학문의 경계에 달렸건, 인문학이나 예술, 또는 과학기술의 영역이건 말입니다.

흔히들 이 시대를 제4차 산업혁명 시대라고 일컫습니다. 제4차 산업혁명 시대는 물리학, 디지털, 생명과학 등의 경계가 허물어지는 거대한 융합의 시대인 셈입니다. 이는 단순한 기술 혁명의 시대가 아닌 초(超)연결 사회의 시작점이라고 할 수 있습니다. 그런 의미에서 자연을 통합적으로 바라보는 안목을 키우는 것은 꽤 중요한 의미를 지닙니다.

융합, 통합, 제4차 산업혁명이라는 화두는 무엇을 의미할까요? 그것은 바로 우리가 배우는 방식이 지식 전수에 머물러서는 안 된다는 뜻입니다. 미래 사회에서는 얼마나 아느냐가 중요하지 않습니다. 새로운 지식이 너무 빠르게 출현하는 데다 과거의 지식은 인공지능이 담을 것이기 때문입니다. 우리가 오늘 배운 지식은 어차피 수년 내에 낡은 지식이 되어 미래 사회에서는 유용성이 떨어질 수도 있습니다.

그러므로 단순한 암기 공부가 아닌 예리한 관찰력과 상상력, 그리고 판단력을 필요로 하는 통찰이 중요합니다. 한마디로 지식의 시대는 저물고 통찰의 시대가 도래한 셈입니다.

오늘날 세계적인 교육 흐름은 이런 점을 감안하여 새로운 방향을 제시하고 있습니다. 지식 중심이 아닌 통찰력을 기를 수 있는 핵심 역량 중심의 교육을 향하고 있는 것입니다. 핵심 역량이란 선천적으로 타고나는 것이 아니라 배워서 익혀나갈 수 있는 지적 능력, 인성(태도), 기술 등을 포괄합니다. 향후 직업 세계를 포함한 미래의 삶에 성공적으로 대처하기 위해 필수적으로 갖추어야 할 능력이지요.

'통합과학'은 무엇을 다룰까요?

미래 사회를 단순한 지식 암기형 공부로 준비하기는 어렵다는 사실을 이제 알겠지요? 여기에 자연을 통합적으로 보는 눈을 길러야 할 필요도 있습니다. 통합과학은 그런 맥락을 가지고 새롭게 시작한 과목입니다. 그럼 통합과학은 어떤 내용을 다루고 있을까요?

통합과학은 크게 '자연의 환경과 맥락', '인류가 만든 문명 속 과학과 기술'이라는 두 가지를 고려해 접근합니다. 이를 반영하여 9개의 핵심 개념을 관통하는 스토리라인을 가지고 있으며, '물질의 규칙성', '시스템과 상호 작용', '변화와 다양성', '환경과 에너지' 4개 영역으로 구성됩니다.

물질의 규칙성 영역에서는 '자연은 무엇으로 이루어져 있고, 어떤 규칙성을 갖는가?'라는 질문을 다룹니다. 물질의 규칙성과 결합, 자연의 구성 물질이라는 두 가지 핵심 개념을 통해 세상의 모든 것이 빅뱅으로부터 시작되었고 물리·화학적 결합에 의해 다양한 물질의 세계를 이루었음을 밝힙니다.

시스템과 상호 작용 영역에서는 '자연은 어떤 시스템으로 구성되어 있고, 어떻게 상호 작용하는가?'라는 질문을 다룹니다. 이 영역의 핵심 개념은 역학적 시스템, 지구 시스템, 생명 시스템입니다. 세 가지 핵심 개념을 통해 우리가 살고 있는 세상이 시스템으로 구성되어 있음을 알고, 작게는 세포 수준에서 크게는 우주 수준까지 어떤 시스템으로 작동하는지를 파악합니다.

변화와 다양성 영역에서는 '인류는 자연의 변화를 어떻게 이용하고 있는가?'라는 질문을 다룹니다. 이 영역에서는 화학 변화, 생물 다양성과 유지라는 두 가지 핵심 개념을 통해 자연에서 일어나는 변화가 무질서하고 무작위로 일어나는 것이 아니라 일정한 규칙을 따르고 있음을 알 수 있습니다.

환경과 에너지 영역에서는 '인류는 환경과 에너지 문제에 어떻게 대처하고 있는가?'라는 질문을 다룹니다. 이 영역에서는 생태계와 환경, 발전과 신재생 에너지라는 두 핵심 개념을 통해 생태계와 환경이 어떻게 작용하고 있으며, 인류가 환경과 에너지 문제에 어떻게 대처하고 있는지를 파악하여 미래를 위한 대안을 모색합니다.

통합과학의 이러한 구성은 자연 현상을 학문 분야별로 바라보는 대신 통합적인 관점에서 바라보도록 합니다. 따라서 통합과학을 공부할 때는 하나하나의 핵심 개념에 분절적으로 접근하기보다는 각 핵심 개념들이 어떻게 연결되고 조화되어 자연 현상을 이루고 있는지를 종합적이고 통합적인 관점에서 바라보아야 할 것입니다.

자연 현상을 통합적인 관점으로 본다는 데에는 어떤 의미가 있을까요?

첫째, 자연에서 벌어지는 특정 현상이 단순히 하나의 요인에 의해 나타나는 것이 아니라 다양한 요인에 의해 결정됨을 알 수 있습니다. 다시 말해 특정한 자연 현상의 원인을 파악할 때 다양한 과학 원리가 서로 연결되어 있다는 것을 알 수 있지요. 이전까지 각각의 분과 학문(물리학, 화학, 생명과학, 지구과학)의 관점에서만 특정 자연 현상을 분석하고 이해한 것과는 다르게, 각각의 현상을 공통적으로 관통하는 원리가 있음을 알 수 있습니다.

둘째, 통합의 관점이 소위 물리학, 화학, 생명과학, 지구과학이라는 과학의 분과적인 프레임에만 국한되지 않음을 파악할 수 있습니다. 통합적인 관점은 자연 현상을 과학적으로 심도 있게 이해하는 데 머무르지 않고, 이로 인해 빚어지는 사회 현상이나 갈등 등 인문학적 관점에서도 생각해 볼 수 있는 기회를 제공할 것입니다. 특히 환경이나 에너지, 기후 변화 문제 등으로 발생할 수 있는 다양한 갈등의 해결 과정에서 인문학적이고 과학적인 측면이 함께 고려되어야 한다는 점을 파악하고 인식의 지평을 넓힐 수 있습니다.

이제부터 읽어나갈 내용에서 제시하는 주제(핵심 개념)들에 다양한 관점으로 접근해 보세요. 주제와 연결된 일상생활에서 해결해야 할 문제들에 관하여 생각해 볼 시간을 갖게 될 것입니다.

자, 이제부터 우리 주변의 자연에서 벌어지고 있는 다양한 현상을 통합적인 관점과 사고로 함께 풀어봅시다.

차례

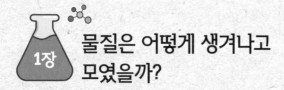

물질은 어떻게 생겨나고 모였을까?

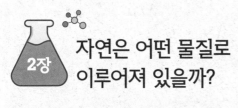

자연은 어떤 물질로
이루어져 있을까?

역학적 시스템, 힘과 운동은
어떻게 작용할까?

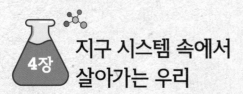

4장 지구 시스템 속에서 살아가는 우리

5장 유기적이고 정교한 체제, 생명 시스템

 **2권 차례**

물질은 어떻게
생겨나고 모였을까?

1 빅뱅!
우주와 우리의 출발점

⚠️ 빅뱅, 은하, 양성자, 중성자, 원자핵, 전자, 원자

우주는 약 138억 년 전 빅뱅으로 시작되었다고 합니다. 빅뱅으로부터 시간이 시작되었고 빅뱅 이후에 만들어진 물질이 현재의 우주를 구성하는 기본 물질이 되었습니다. 그때부터 138억 년이라는 어마어마한 시간이 흘렀으니 우리가 살아온 시간은 거의 찰나에 불과하지요.

사람의 몸은 뼈, 근육, 피부 등으로 구성됩니다. 뼈와 피부는 전혀 다른 모습과 특성을 보여주지만, 모두 단백질, 탄수화물 등으로 이루어져 있습니다. 그리고 단백질은 더 작은 구성 물질인 아미노산으로 이루어져 있습니다. 아미노산은 탄소, 수소, 산소, 질소, 황 등의 원자로 구성되어 있고요.

그렇다면 탄소, 수소, 산소 같은 원자는 언제부터 지구에 존재한 것일까요? 더 과거로 올라가서, 지구에 존재하기 전에 이 원자들은 어디에 어떤 모습으로 있었을까요? 그리고 원자는 어떤 과정을 거쳐 우주에 처음

탄생했을까요?

이런 궁극적인 의문에 답을 찾기 위해 과학자들은 다양한 분야에서 다양한 방법으로 우주를 연구해 왔고, 지금도 연구가 진행 중입니다. 과학자들의 연구 과정과 결과를 살펴보면서 우리 몸을 이루는 원자들이 언제 어떻게 생겨나게 되었는지 알아봅시다.

우주가 팽창을 한다?

우주가 팽창하고 있다는 것은 현재를 살아가는 우리 모두가 인정하는 사실입니다. 그러나 불과 100여 년 전 아인슈타인이 중력을 포함하는 일반 상대론[1]을 발표한 1915년에는 알려지지 않은 사실입니다. 당시는 팽창하지 않는 우주모형을 믿던 시기였습니다.

일반 상대론을 우주모형에 적용해 본 아인슈타인은 고민에 빠졌습니다. 전에는 우주가 팽창하거나 수축하지 않는다는 우주모형을 믿었는데, 놀랍게도 우주가 팽창한다는 결과가 나왔기 때문이죠. 과학에서 자료는 정말 중요합니다. 당시에는 아직 우주가 팽창하고 있다는 증거가 발견되기 전이었습니다. 결국 아인슈타인과 같은 위대한 과학자도 자신의 일반 상대론 수식에 우주상수 항을 추가하여 우주가 팽창하지 않는다는 결론이 도출되도록 할 수밖에 없었습니다.

과학의 속성에 대해 이런 말이 있습니다. "과학은 진리가 아니라 그 시

---

1   100여 년 전인 1905년 아인슈타인이 처음 발표한 상대론은 특수 상대론으로, 등속으로 운동하는 시스템(관성계)에서는 모든 물리 법칙이 동등하게 적용되며 빛의 속력이 불변한다는 내용이었다. 그런데 이를 확장한 일반 상대론에서는 속도가 변하는 시스템에서도 물리 법칙이 동등하게 적용된다고 주장했다.

대 과학자 사회에서 합의한 가장 그럴듯한 결론이다." 1915년에는 우주상수를 인정하고 팽창하지 않는 우주모형을 지지하는 것이 사회적인 결론이었죠.

그러나 그로부터 10여 년 뒤인 1929년 에드윈 허블(Edwin Hubble)이 우리 은하에서 멀리 떨어진 외부 은하들이 점점 더 빨리 멀어진다는 사실을 밝혀냈습니다. 멀리 있는 외부 은하들이 우리로부터 모두 멀어진다는 사실에 기초하여 우주가 팽창하고 있음을 증명한 것입니다. 이러한 관측 결과가 나왔을 때 아인슈타인은 어떻게 행동했을까요?

당시 가장 위대한 과학자 중 한 사람이었던 아인슈타인인 만큼, 그는 자신의 잘못을 인정하고 "일생 최대의 실수"를 했다며 진정한 사과를 했습니다. 이렇게 우리는 팽창하는 우주에서 살고 있음을 처음으로 알게 되었지요. 그런데 만일 우주가 팽창한다면 이런 질문을 해볼 수 있지 않을까요?

"과거의 우주는 어땠을까?"

우주가 팽창하고 있다면 과거에는 지금보다 우주가 작았을 것이고, 더 먼 과거로 갈수록 우주의 크기는 점점 더 작아져 모든 물질이 아주 작은 한 점에 모이게 될 것입니다. 과학자들은 특이점이라고 부르는 이 한 점이 138억 년 전에 대폭발을 일으키면서 우주가 시작되었다고 보는데, 이를 대폭발 우주론, 혹은 빅뱅 우주론이라고 합니다.

공간이 팽창하면 밀도가 감소하고 온도도 낮아집니다. 질량은 그대로인데 부피가 커지니까요. 빅뱅의 출발이라 할 수 있는 특이점은 거의 무한에 가까운 온도와 함께 밀도에서도 엄청난 압력을 갖고 있었다고 추론할 수 있습니다. 이렇게 온도와 압력이 높다 보니 현재 우주에서 가장 많은 비중을 차지하고 있는 수소 원자마저도 현재의 형태를 유지할 수 없었다고 합니다.

수소 원자는 원자핵을 이루는 양성자와 그 주위를 도는 전자로 이루어져 있습니다. 그런데 높은 온도와 압력에서는 양성자가 그 형태를 유지하지 못하고, 양성자를 이루는 더 기본적인 입자들인 쿼크(quark)[2] 상태가 됩니다. 즉, 빅뱅이 일어난 당시의 우주에는 우리가 알고 있는 원소가 존재하지 않았던 것이지요.

빅뱅이 일어난 직후의 우주

과학은 증거의 학문입니다. 그렇다면 현재의 우주를 설명하는 빅뱅 우주론에는 어떤 증거가 있을까요?

빅뱅이 일어난 직후 우주에는 쿼크나 전자 같은 여러 종류의 기본 입자들이 생겨났습니다. 초기 우주는 너무나 고온이었기에 입자들의 운동 속도가 빨랐고 이로 인해 엄청난 충돌들이 있었습니다. 그래서 기본 입자들은 생겨났다가 사라지기를 반복했습니다. 그러다가 시간이 아주 조금 흘러 우주 역시 조금 팽창하고 온도가 낮아지자, 충돌이 조금씩 줄면서 양성자(수소의 원자핵), 중성자, 전자로 가득한 우주가 만들어졌습니다.

여기서 온도가 조금 더 낮아지자 양성자와 중성자가 결합한 헬륨 원자핵이 등장합니다. 이 시기 전자들은 우주의 높은 온도 때문에 수소나 헬륨 원자핵에 묶여 있지 않고 자유롭게 돌아다니며 광자[3]를 흡수하였습니다. 이로 인해 빛이 자유롭게 직진을 할 수 없어서 우주는 불투명한 상태

---

2 물리학자 머리 겔만(Murray Gell-Mann)이 발견하여 명명한 우주의 기본 미립자로 위·아래(up·down), 맵시·미묘(charm·strange), 꼭대기·바닥(top·bottom)이라는 6가지 쿼크가 존재한다. 양성자는 위 쿼크 2개와 아래 쿼크 1개로 이루어져 있다.

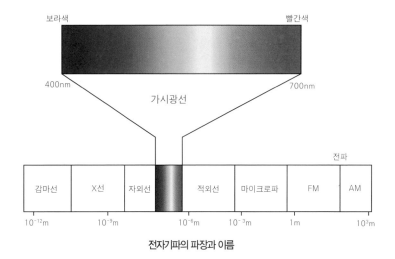

보라색

빨간색

400nm

가시광선

700nm

전파

| 감마선 | X선 | 자외선 | | 적외선 | 마이크로파 | FM | AM |

10^{-12}m 10^{-9}m 10^{-6}m 10^{-3}m   1m 10^{3}m

전자기파의 파장과 이름

를 유지했습니다.

빅뱅 이후 38만 년 정도 시간이 지나 우주의 온도가 3000K[4] 정도까지 낮아지자, 전자는 원자핵에 묶이고, 중성의 원자들인 수소와 헬륨이 만들어집니다. 그러면서 빛은 전자들의 방해를 받지 않고 곧장 진행할 수 있게 되어 투명한 우주의 시대가 시작되었지요. 우주는 3000K의 온도에 해당하는 빛(에너지)을 모든 방향으로 방출하였습니다.

여기서 잠깐 빛에 대해 조금 더 알아보기로 하지요. 빛은 다양한 전자기파를 합쳐 부르는 말입니다. 우리가 일반적으로 빛이라고 부르는 것은 가시광선을 말합니다. 눈에 보이는 영역인 400~700nm[5] 파장을 가지고 있고, 빨주노초파남보의 색으로 표현합니다. 빨간색의 파장이 가장 길고

---

3 빛은 파동이자 입자다. 빛을 파동의 성질에서 보자면 전자기파고, 입자의 성질에서 보자면 광자라고 말할 수 있다.

4 '켈빈'이라고 읽으며 절대 온도를 일컫는다. 열역학적 온도라고도 한다. 물질의 특이성에 따라 변하지 않는 절대적인 온도 단위다.

5 10^{-9}m를 가리키는 길이 단위다. 고대 그리스어의 난쟁이를 뜻하는 나노스(nanos)에서 유래했다.

보라색 쪽으로 갈수록 파장이 짧아집니다. 가시광선의 보라색보다 파장이 짧은 영역의 전자기파에는 감마선, X선, 자외선이 있고, 빨간색보다 파장이 긴 영역의 전자기파에는 적외선, 마이크로파, 전파가 있습니다.

다시 앞의 이야기로 돌아갑시다. 빅뱅 이후 38만 년이 지나자 우주는 3000K의 높은 온도에서 가시광선을 방출했습니다. 그런데 우주 공간이 팽창하면서 빛의 파장도 길어졌습니다. 그래서 당시에는 가시광선으로 우주를 가득 채웠던 빛(우주 배경 복사[6])이 지금은 훨씬 긴 파장을 가진 전파의 형태로 남게 된 것입니다.

그렇다면 이 전파는 어떻게 발견할 수 있었을까요?

빅뱅의 증거, 우주 배경 복사를 발견하다

빅뱅을 입증하려면 빅뱅 이후 우주의 팽창으로 파장이 길어진 우주 배경 복사에 해당하는 전파가 검출되어야만 했습니다. 1948년 조지 가모프(George Gamow), 랠프 앨퍼(Ralph Alpher), 로버트 허먼(Robert Herman)은 이러한 우주 배경 복사의 존재를 예견했지만 쉽게 찾아내지 못했습니다.

그러던 중 1965년 벨 연구소의 아노 펜지어스(Arno Penzias)와 로버트 윌슨(Robert Wilson)은 무선 통신에서 나타나는 잡음의 원인을 제거하기 위해 연구하다가, 우주 전역으로부터 동일한 세기를 보이는 대략 7.5cm 파장에서의 전파 신호를 보고했습니다. 그리고 이것이 특별한 천체로부터

---

6 우주 공간에 가득 차 있는 전자기파.

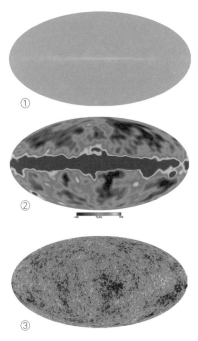

우주 배경 복사 관측의 역사

① 1965년 펜지어스와 윌슨의 관측. 우주 배경 복사가 우주 전체에 나타남을 처음으로 관측했다.

② 1992년 COBE의 관측. 우주 배경 복사를 확인하고 약간의 온도 차를 발견했다.

③ 2003년 WMAP의 관측. COBE보다 정밀하게 온도를 측정했다. 붉은색과 초록색의 온도 차이는 10만분의 1도일 정도로 정밀하다.

오는 것이 아니라 우주 공간 전체에서 온다고 발표했습니다. 가까운 프린스턴 대학의 연구팀은 이것이 과학자들이 찾고 있던 우주 배경 복사임을 확인하고 학회에 발표했지요.

우주 배경 복사를 발견함으로써 빅뱅 우주론은 우주의 기원을 설명한 우주론들 중에서 가장 유력한 지위를 차지했습니다. 그리고 우주 배경 복사를 더 정확하게 관측하기 위해 미항공우주국, 즉 나사(NASA)가 1980년대 후반 COBE(우주 배경 복사 탐사선, Cosmic Microwave Background Explorer) 프로젝트를 진행했습니다. 이로써 우주 전역에는 우주 배경 복사가 고르게 분포하며, 우주의 온도는 2.728±0.002K라는 것을 밝혀냈습니다. 이 탐사를 주도해 노벨상까지 수상한 조지 스무트(George Smoot) 교수는 이후 우리나라의 한 대학에서 석좌교수로 한동안 강의를 하기도 했지요.

2000년대에는 윌킨슨 초단파 비등방 탐사선(WMAP)이라는 위성을 통해 우주 전역에 걸쳐 우주 배경 복사가 관측된다는 사실을 확인하고, 복사의 온도도 더 정확하게 측정하여 우주 전역에 약 10만분의 1의 온도 차가 있음을 알아냈습니다.

최초의 별은 어떻게 생겨났을까?

빅뱅이 일어나고 38만 년이 지났을 무렵에 만들어진 수소 원자핵과 헬륨 원자핵은 전자를 붙잡아 수소와 헬륨 원자가 되었습니다. 그리고 이들 원자는 서로를 끌어당기는 힘, 즉 인력에 의해 모여 빅뱅 이후 5억 년을 전후하여 별과 은하를 형성했죠.

그런데 여기서 의문이 생깁니다. 우주가 균질하다면, 다시 말해 우주의 어디든 온도가 높거나 낮은 데 없이 모두 같다면, 부분적으로 질량 중심이 존재할 수 없을 테니 별이나 은하를 형성할 수 없는 것이 아닐까요?

여기서 앞서 다룬 우주 배경 복사의 온도 차가 중요하게 등장합니다. 우주 배경 복사를 나타낸 지도에서 보이는 붉고 푸른 점은 주변보다 10만분의 1도 정도 온도가 높거나 낮은 부분을 나타냅니다. 즉, 초기 우주에 이 정도의 온도 차이가 존재했는데, 이것이 물질 분포에 차이를 만들어 온도가 낮은 쪽으로 물질들이 모여들었습니다.

이로써 은하가 만들어질 중력적인 공간을 확보하게 된 것입니다. 이러한 공간이 한번 생기면 지속적으로 물질들이 모여서 은하와 별이 만들어집니다. 그리고 이곳에서 최초의 별이 탄생하게 되지요.

우주의 수소와 헬륨은 서로 뭉쳐서 별이 됩니다. 이 과정을 간단히 살

온도와 파장의 관계를 보여주는 빈의 변위 법칙

열을 가진 우주의 모든 물체는 자신의 온도에 해당하는 복사를 방출한다. 이 말은 −273℃(절대온도 0도)가 아닌 모든 물체는 복사를 방출한다는 뜻이다. 복사는 물체의 온도와 관계가 있는데, 특히 최대 에너지를 방출하는 복사의 파장(λmax)은 온도에 반비례한다. 이러한 관계를 밝힌 과학자 빌헬름 빈(Wilhelm Wien)을 기려 이를 빈의 변위 법칙이라고 부른다.

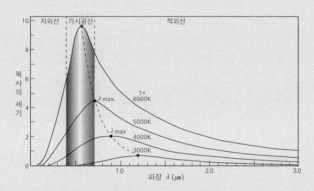

천체의 온도와 방출되는 파장의 관계

표면 온도가 6000K로 매우 높은 태양은 가시광선 영역(0.5μm 정도)에서 최대 에너지를 방출하지만, 표면 온도가 300K 정도로 낮은 지구는 적외선 영역(10,000nm=10μm 정도)에서 최대 에너지를 방출한다.

우리의 몸은 36.5℃이므로 절대온도로 환산하면 273+36.5≒310K이다. 따라서 주로 적외선으로 에너지를 방출한다.

펴봅시다. 성운은 우주에 존재하는 수소와 헬륨 등이 뭉쳐 있는 집단을 말합니다. 성운 내부의 열에 의해 성운을 팽창시키려는 기체의 압력과 이들을 뭉치게 하려는 중력이 평형을 이루고 있지요. 그런데 성운 내부의

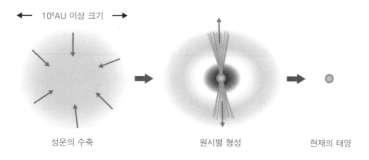

AU는 천문학에서 사용하는 단위로, 1AU는 1억 5000만km다.
그러므로 10^6AU는 150,000,000,000,000km에 달하는 크기다.

열은 서서히 우주 공간으로 빠져나가고, 중력에 의해 지름이 줄어들면서 다시 수소와 헬륨이 뭉치게 됩니다. 이를 중력수축이라고 합니다.

이 과정을 거치면서 성운의 온도는 차츰 높아지고 온도와 압력도 상승합니다. 이 단계를 원시별(protostar)이라고 부릅니다. 원시별은 중력수축에 의해 에너지를 방출하지만, 성운이 주변을 둘러싸고 있어서 가시광선 영역에서의 에너지 방출은 나타나지 않습니다.

원시별 중심부의 온도가 1000만K이 되면 수소 원자핵이 빠르게 충돌하면서 헬륨 원자핵을 만드는 반응이 가능해집니다. 이러한 과정을 수소 핵융합 반응이라고 합니다. 수소 핵융합 반응이 시작되면 그때부터 항성(star), 즉 별이라고 부를 수 있는 단계가 됩니다. 그리고 강력한 항성풍이 불어 주변을 둘러싸고 있던 성운을 날려버리면 갑자기 우주에서 빛나기 시작하지요.

질량-에너지 등가의 원리, 즉 $E=mc^2$에도 이와 관련한 아인슈타인의 중요한 원리가 적용됩니다. 아인슈타인은 모든 질량은 그에 상당하는 에너지를 가지고 그 역도 항상 성립한다는 원리를 정리하여 세상에서 가장 유명한 위의 방정식을 발표했습니다.

수소의 원자량은 1.0078이므로 수소 원자 4개가 모이면 질량은 4.0312입니다. 그런데 헬륨의 원자량은 4.0026입니다. 따라서 0.0286의 질량 차이가 발생합니다. $E=mc^2$에 따르면 이 질량 차이에 광속의 제곱을 곱한 값이 에너지로 전환됩니다. 이를 식으로 나타내면 다음과 같습니다. 여기서 $1.66×10^{-27}$은 원자량 단위입니다.

$$E = 0.0286 \cdot (1.66×10^{-27}Kg) \cdot (3×10^8 m/s)^2 ≒ 4.3×10^{-12}J$$
$$= 4.27×10^{-12}Kg \cdot m^2/s^2$$

보통 한 끼 식사량이 700kcal 정도인데 이것을 J(줄, Joule) 단위로 바꾸면 약 3,000,000J입니다. 이와 비교하면 핵융합으로 생기는 에너지는 실망스러울 정도로 작아 보일 수 있습니다. 그러나 이는 수소 원자 4개가 반응하여 헬륨 원자핵 하나가 만들어질 때 발생하는 에너지에 불과합니다. 태양 같은 별에서는 1초에 6억 톤이 넘는 수소가 헬륨으로 바뀌기 때문에 발생하는 에너지가 엄청나지요.

별은 진화한다

별의 핵에서 수소가 헬륨으로 융합되는 반응이 계속되면 헬륨이 수소를 대신해 핵의 중심부를 차지하게 됩니다. 별의 일생에서 상당한 시간이 지나 중심부 헬륨의 양이 많아지면 헬륨의 온도가 상승하고, 다시 더 무거운 원소로 융합이 일어날 수 있습니다. 이러한 과정은 별이 충분히 큰 질량을 가지게 될 경우 원자 번호 순(원자핵 내의 양성자 수)으로 융합되면서 수소(H), 헬륨(He), 탄소(C), 산소(O), 네온(Ne), 마그네슘(Mg), 규소(Si), 철(Fe)의 순서대로 무거운 원소들이 합성됩니다.

이러한 융합은 별의 질량이 충분히 커졌을 때나 가능합니다. 태양의 질량은 지구의 30만 배가 넘을 정도지만, 다른 별들에 비해 그리 큰 편은 아닙니다. 태양과 비슷한 질량의 별은 중심에서 헬륨이 더 무거운 원소로 융합하는 단계로 진행하지 못하고 끝이 납니다.

이렇게 수소 핵융합 반응이 끝나면 내부의 압력이 낮아져서 중력으로 인해 별이 수축합니다. 그러면서 온도가 상승하고 중심부 바깥의 수소가 반응하면서 에너지가 발생하는데, 이렇게 별이 팽창하며 온도는 낮아져 붉은 거성(giant)이 됩니다. 이때 반응을 멈추었던 중심부의 헬륨은 압력이 증가하면서 다시 반응을 시작하여 헬륨이 탄소로 바뀌는 핵융합이 일어나지요.

그다음 다시 중심부를 둘러싸고 있는 헬륨층과 수소층이 가열되어 별

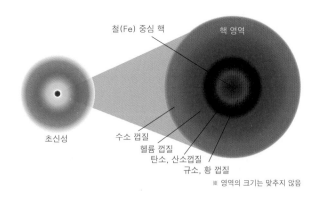

철(Fe) 중심 핵 핵 영역

초신성 수소 껍질
헬륨 껍질
탄소, 산소껍질
규소, 황 껍질
※ 영역의 크기는 맞추지 않음

폭발 직전 초신성 핵의 내부 구조

이 팽창하는 과정을 거치다가, 최후에 중심이 수축하여 백색 왜성(white-dwarf)이 되고 바깥 부분은 행성상 성운(planetary nebula)으로 팽창하여 별의 일생을 마칩니다. 태양은 이러한 진화 과정을 거치지요.

질량이 태양의 10배 이상인 별에서는 중심에서 철까지 만들어집니다. 그리고 나면 더 이상 에너지가 발생하지 않아 별의 중심부는 급격하게 수축하지요. 그리고 바깥쪽은 급격하게 팽창하면서 우주 공간으로 초신성 잔해를 흩뿌립니다. 이 과정을 초거성(super-giant) 단계라고 하며 별은 초신성(supernova)이 됩니다.

초신성이 만들어질 때 발생하는 에너지는 철보다 더 무거운 물질을 생성하고 이 원소들이 폭발과 함께 우주 공간으로 흩어지게 됩니다. 이 과정에서 질량이 태양의 25배가 되지 않는 별의 중심부는 중성자성(neutron star)으로, 그보다 큰 별은 블랙홀(black hole)이 되어 별의 일생을 마칩니다.

끝은 새로운 시작이다

초신성 폭발로 별의 일생은 끝이 나지만, 물질의 순환은 계속됩니다. 우주 공간으로 흩어진 초신성 잔해는 새로이 성운을 만드는 물질로 재활용되기 때문입니다. 초신성 잔해는 수소, 헬륨, 그리고 다른 무거운 원소들로 되어 있기 때문에 초신성을 만든 별이 형성되던 당시 성운의 물질과 크게 다르지 않습니다.

성운의 물질은 대부분 우주 공간에 머물다가 대부분 태양과 같은 별이 생성될 때 모여들어 태양계 성운의 일부가 되었습니다. 그러나 일부는 행성을 형성하여 지구를 구성하였지요.

초기 태양계 성운의 안쪽 부분에는 온도가 높아 녹는점이 높은 철이나 암석질 물질이 주로 분포하며, 이후 이 영역에서 지구형 행성이 형성됩니다. 성운의 바깥 부분은 온도가 낮아 녹는점이 낮은 기체 물질(물, 암모니아, 메테인 등)이 주로 분포하여 이후 이 영역에서 목성형 행성이 형성됩니다. 그래서 목성형 행성은 지구형 행성에 비해 밀도가 낮습니다.

이렇게 형성된 지구는 초기에 온도가 높아서 전체가 마그마 상태였습니다. 이때 밀도가 큰 철은 지구 중심부로 이동하여 핵을 형성하였고, 바깥은 맨틀과 지각으로 나뉘게 되었습니다. 가장 바깥쪽인 지각에서는 마그마가 식으며 공급된 기체와 수증기에 의해 기권과 수권이 형성되었는데, 바로 이 수권에서 생명이 탄생했습니다. 생명체는 지구의 여러 권에서 공급된 물질을 이용하여 생명 활동을 지속하였고, 오랜 생명 활동의 결과 지금의 우리, 즉 인류가 등장한 것입니다.

지금까지 우주의 시작인 빅뱅과 최초의 원소 합성, 그리고 별에서 일어난 핵융합에 의해 원소가 합성되는 과정을 알아보았습니다. 별의 진화와

우주의 비밀을 밝힌 키르히호프(Kirchhoff) 법칙

우주에 분포하는 원소들의 존재는 어떻게 알게 되었을까? 여기에 분광학이라는 분야가 등장한다. 프리즘을 통과한 태양빛이 무지개 색으로 산란되는 것을 본 적이 있을 것이다. 이와 마찬가지로 별빛을 모아 분광기(프리즘)에 통과시키면 스펙트럼이 나타난다. 1859년 키르히호프는 분광학에서 중요한 세 가지 법칙을 발표하였다.

1. 항성과 같이 고온의 고밀도 천체에서는 연속 스펙트럼이 나타난다.
2. 고온이지만 밀도가 낮은 기체에서는 몇 개의 밝은 방출선이 나타난다.
3. 시선 방향으로 항성을 저온의 기체가 가리면 항성의 연속 스펙트럼에 몇 개의 어두운 흡수선이 나타난다.

이러한 방출선이나 흡수선 스펙트럼은 원소의 종류에 따라 다른 파장에서 나타난다. 따라서 여러 원소들에 대해 흡수선이나 방출선의 위치를 연구한 다음 천체에서 오는 빛을 분석하면 된다.

태양의 경우 연속 스펙트럼이 나타나지만, 확대한 사진을 보면 곳곳에 흡수선이 나타나는데, 이를 통해 태양 대기의 원소를 파악할 수 있다. 또한 방출 성운의 스펙트럼을 분석하여 성운에 존재하는 원소도 알아낼 수 있다.

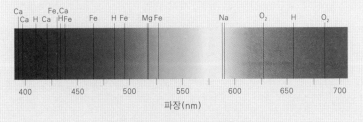

태양의 연속 스펙트럼에 나타나는 흡수선 스펙트럼

그에 따른 물질의 순환도 지켜보았고요.

　이처럼 우주에 존재하는 수많은 원소들은 어느 날 불쑥 생긴 것이 아니라, 빅뱅 이후 진행된 우주와 별의 진화 과정을 통해 생긴 것입니다. 이 원소들이 태양계를 만드는 성운에서 지구형 행성인 우리 지구에 공급되었다는 사실도 이제 이해할 수 있겠지요?

프로젝트 하기

조사 활동　주변에서 스펙트럼 관찰하기

가끔 햇빛이 드는 방에 무지개 색의 빛이 들어올 때가 있다. 일반적으로 이러한 현상은 빛이 프리즘을 통과할 때 관찰되지만, 집 안 곳곳에서도 스펙트럼이 관찰되는 경우가 있다.

1. 집 안이나 생활 공간(욕실 유리, 사각 어항 등)에서 이러한 무지개 빛을 찾아본다.
2. 휴대전화 조명을 이용하여 여러 방향에서 빛을 비추어보자.
3. 스펙트럼이 나타나는 경우 유리의 단면과 빛의 경로를 그림으로 그려 표현해 보자.

2 지구가 탄생하고 생명체가 출현하다

(!) 태양계 성운설, 원시 지구, 생명체의 탄생

낮에도 밤에도 하늘에는 별이 떠 있습니다. 다만 낮에는 태양의 밝은 빛이 대기에 산란되어 눈으로 별을 볼 수 없을 뿐입니다. 그런데 초신성만은 예외입니다. 초신성은 질량이 큰 별이 진화 마지막 단계에서 소멸하는 것을 말하는데, 이때 은하 하나가 내는 정도의 에너지를 방출하면서 별로서 생을 마감합니다. 그래서 지구와 가까운 곳에 초신성이 나타나면 낮에도 눈으로 관측할 수 있을 정도로 밝게 빛나지요. 이를 관측하고 연구한 사람들이 있습니다.

17세기에 천문학의 발전을 이끈 요하네스 케플러(Johannes Kepler)에게는 티코 브라헤(Tyco Brahe)라는 스승이 있었습니다. 그는 1572년 11월, 실험실에서 집으로 돌아오던 길에 북쪽의 카시오페이아 자리 부근에서 새로운 천체 하나가 빛나고 있는 것을 발견했습니다. 그리고 이 천체의 빛이 사라지기 전인 18개월 동안 관측과 연구를 진행하였습니다.

그 당시 서구인들에게 천구는 항성이 박혀 있는 불변의 공간이었습니다. 그래서 처음에는 그것이 행성이 아닐까 하고 생각했지만, 이 천체는 행성 같은 움직임을 보이지 않았습니다. 결국 티코는 이 천체가 새로운 별이라고 결론지었고 신성(Nova)이라는 새 이름을 붙여주었습니다. 훗날 천문학에서 신성과 초신성을 구분하게 된 이후, 티코가 발견한 천체는 신성이 아니라 초신성인 것으로 판명되었습니다.

이러한 초신성의 폭발은 주변 우주 공간, 특히 태양계 형성에 어떤 영향을 미치는지 알아봅시다.

성운에서 행성이 되기까지

어떤 별의 마지막은 새로운 별의 탄생으로 이어집니다. 약 50억 년 전 우리 태양계 부근에서 초신성이 폭발하였고, 이 폭발로 인해 주변으로 수많은 물질을 공급하게 된 것처럼 말이지요.

현재의 우리 태양계가 있는 위치에 존재했던 거대한 성운은 안정한 상태로 오랜 시간을 보내고 있었을 것입니다. 성운은 온도가 높으면 성운을 이루는 수소 원자의 압력이 높아져 팽창하고 온도가 낮으면 중력에 의해 수축하는데, 이 압력과 중력이 평형을 이루면 안정한 상태를 유지합니다.

그런데 초신성 폭발의 영향을 받은 성운은 안정 상태가 무너지면서 중력적으로 불안정해지고 중력에 의해 수축을 하게 됩니다. 그러면서 항상 약간은 회전하는데, 수축하는 성운의 회전 속도는 갈수록 빨라집니다.[7]

성운의 중앙으로 계속해서 물질들이 모여들며 수축이 일어나 원시별

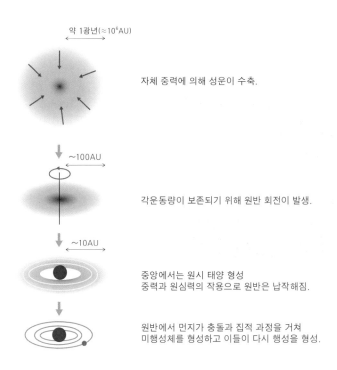

약 1광년(≈10^6AU)

자체 중력에 의해 성운이 수축.

~100AU

각운동량이 보존되기 위해 원반 회전이 발생.

~10AU

중앙에서는 원시 태양 형성
중력과 원심력의 작용으로 원반은 납작해짐.

원반에서 먼지가 충돌과 집적 과정을 거쳐
미행성체를 형성하고 이들이 다시 행성을 형성.

원시 성운이 수축하여 태양계가 되는 과정

로 발달하는 과정에서, 외부는 납작한 원반 모양으로 물질들이 모여들며
수축합니다. 원반의 중심부는 막 태어나는 별인 태양의 영향으로 온도가
높고, 바깥의 온도는 낮아집니다. 원반의 물질들은 서로 충돌하면서 집적
되어 성장하여 점차 미행성체(planetesimal)가 됩니다. 미행성체는 주로
철이나 암석질 물질로 구성되며, 바깥 원반은 온도가 낮아 물(H_2O)이나
암모니아(NH_3), 메테인(CH_4) 등 얼음이 포함되어 있습니다.

7　이를 '각운동량 보존'이라 한다. 회전하는 물체의 반지름, 질량, 회전 속력의 곱은 항상 일정하다. 팔을
　　벌리고 돌던 피겨 스케이팅 선수가 제자리 회전을 할 때 팔을 오므리면 회전이 빨라지는 것도 같은 원
　　리다.

황소자리에 있는 초신성 잔해인 게성운

황소자리에는 게성운이 있다. 천문학자들은 이 성운을 관측하다가 성운이 팽창하고 있다는 것을 확인하였고, 팽창 속력을 계산했다. 그 결과 게성운이 약 1000년 전에 폭발하였을 것이라고 추측하게 되었다. 그러나 서양의 고대 관측 기록에는 이러한 기록을 찾을 수 없었다. 그러던 중 중국 송나라의 관측 기록에서 아래와 같은 내용을 찾았다.

지화 원년 5월 기축일(양력 7월 4일), 천관(天関, 황소자리 제타)에서 동남쪽으로 수척 떨어진 곳에 (객성이) 나왔으며, 1년 남짓한 기간 동안 사라지지 않았다.(至和元年五月己丑, 出天関東南可数寸, 歳余稍没.)

— 『송사(宋史)』56권 「천문지(天文志)」

지화 원년은 1054년이다. 이 기록의 발견으로 동양의 관측 기록을 등한시하던 서양의 과학자들은 동양의 고(古)천문학 기록에 관심을 가지기 시작했고, 적극적으로 연구 결과를 받아들이게 되었다.

이렇게 지구형 행성인 수성, 금성, 지구, 화성은 주로 철과 암석질 물질로 구성되어 밀도가 큰 행성이 되었습니다. 반면에 목성이나 토성 같은 목성형 행성은 철과 암석질 외에 물, 암모니아, 메테인 등이 포함되어 밀도가 작은 행성이 되었습니다.

물은 어디에서 왔을까?

앞서 태양계 성운의 안쪽 원반에서 형성된 지구형 행성은 대부분 철과 암석질로 되어 있다고 했습니다. 그렇다면 '지구 표면의 70%를 덮고 있는 물은 어떻게 존재하게 되었을까?'라는 의문이 필연적으로 생기게 됩니다.

태양계의 소천체들은 행성처럼 원에 가까운 타원 궤도를 도는 것이 아니라 원에서 많이 벗어나 일그러진 궤도를 돌고 있습니다. 초기 원반 상태일 때 미행성체들도 아마 이런 궤도로 돌았을 것입니다. 그럼 물이 많이 포함된 목성형 행성이 형성되는 곳의 소천체도 지구 궤도 근처까지 들어올 수 있었을 것이고, 우연히 지구의 중력에 이끌려 지구와 충돌했을 수 있습니다. 이러한 미행성체들이 지구에 물을 공급했을 것으로 추정하고 있습니다.

또한 주로 물이 다른 물질들과 엉켜 얼어붙은 얼음으로 구성된 혜성의 핵도 초기 지구에 물을 공급한 원인이 될 수 있었을 것입니다. 혜성 역시 이심률[8]이 큰 궤도를 돌고 있으므로 차가운 바깥에서 형성된 다량의 물 얼음을 지구에 공급했을 것으로 추정할 수 있습니다.

이러한 충돌이 태양계 형성 초기에는 지금과 비교할 수 없을 정도로 빈번했을 것입니다. 초기 태양계에서 일어난 충돌의 결과, 궤도가 불안정한 소천체들은 거의 사라지고 지금의 태양계에는 태양, 8개의 행성, 명왕성을 포함한 5개 정도의 왜소행성, 소행성, 혜성이 어느 정도 안정한 상태를 유지하고 있지요.

우리가 살고 있는 현재의 지구에서는 아주 드물게 소천체와 충돌이 일

---

8 원 궤도에서 벗어난 정도를 말한다.

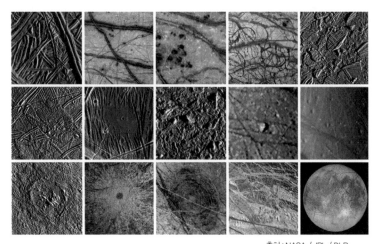

출처 : NASA / JPL / DLR

목성의 위성인 유로파 표면의 다양한 모습

어납니다. 중생대 공룡 멸종의 원인으로 추정되는 소행성 충돌이 대표적이
지요. 이러한 충돌은 수억 년에 한 번 정도로 일어나고 있습니다.

그렇다면 태양계에 지구처럼 물이 풍부한 다른 천체는 없을까요? 만일
그런 천체가 있다면 지구형 행성 부근과 목성형 행성 부근 중 어디에 있
을 확률이 높을까요?

당연히 목성형 행성 부근일 것입니다. 실제 목성의 위성 중 하나인 유
로파는 표면 전체가 물 얼음으로 덮여 있습니다. 목성 탐사선이 촬영한
그림을 보면 편평한 위성의 표면에는 수많은 얼음이 서로 엉켜 있고, 외
부 천체와의 충돌로 깨진 것으로 보이는 부분도 다시 얼음으로 채워져 있
습니다. 얼음에서 보이는 균열이 지구의 해령[9]과 유사하다는 연구도 나와

---

9   해양저 산맥이라고도 하며, 바다 깊은 곳에 산맥처럼 솟아 있는 지형을 일컫는다.

있습니다.

또한 목성 탐사선인 갈릴레오 탐사선의 연구 결과 유로파의 표면에서는 지구의 판 구조 운동과 같이 하나의 판이 다른 판 아래로 비스듬하게 들어가거나 서로 충돌한 흔적도 확인되었습니다. 이는 지구 외의 장소에서도 판 구조론이 성립한다는 증거입니다.

바다, 생명체의 요람

미행성체의 충돌로 만들어진 지구는 충돌에 의한 에너지, 방사성 원소의 붕괴에 의한 에너지 등으로 행성 전체가 '거대한 마그마 바다' 상태가 됩니다. 이후 시간이 흘러 충돌이 줄고 방사성 원소 붕괴도 감소하면서 지구는 점차 식어갔지요. 이 과정에서 마그마에서 기체가 방출되었는데, 이는 지구의 초기 대기를 형성했습니다. 마그마에서 공급되는 기체에는 이산화 탄소(CO_2)나 수증기 등이 풍부한데, 이들은 대표적인 온실 기체이기도 합니다.

대기 중의 수증기는 응결하여 비가 되어 내리고 지표면의 저지대에 모였습니다. 이것이 바다입니다. 이때 이산화 탄소는 바다에 공급되고, 다시 방해석 같은 광물로 침전하여 석회암을 형성해서 지권으로 들어갑니다. 이렇게 초기 대기의 이산화 탄소는 급격하게 감소하였습니다.

비는 대기 중의 이산화 탄소만을 녹여내는 데 그치지 않습니다. 지표에 내린 비는 지하수와 하천수로 흐르면서 암석의 성분도 녹입니다. 암석에 포함되어 있던 원소 주기율표 왼쪽의 1, 2족 알칼리 금속(Na, K 등)과 알칼리 토금속(Mg, Ca 등)이 녹아서 바다로 들어갑니다. 바닷속에서 일어나

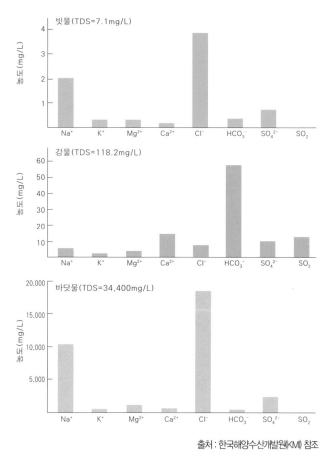

빗물, 강물, 해수에 녹아 있는 원소 성분

TDS(Total Dissolved Salt)는 녹아 있는 염류의 총량을 의미한다.

는 마그마의 분출인 해저 화성 활동은 다량의 물질, 특히 황(S)이나 염소(Cl) 같은 16, 17족 원소들을 공급합니다. 이러한 과정은 지난 40억 년 간 계속되어 현재 해수에 포함된 염류의 주성분이 되었습니다.

지금까지 등장한 해수에 포함된 원소들을 한번 나열해 볼까요? 탄소(C), 산소(O), 나트륨(Na), 칼륨(K), 마그네슘(Mg), 칼슘(Ca), 황(S), 염소

(Cl)······. 이들이 결합하여 해수의 염류인 염화 나트륨(NaCl), 염화 마그네슘($MgCl_2$), 황산 마그네슘($MgSO_4$), 황산 칼륨(K_2SO_4) 등을 형성하게 된 것입니다.

왼쪽 그래프는 빗물, 강물, 해수의 성분을 비교한 것입니다. 그런데 이상하지요? 강물이 흘러 해수가 되었을 텐데 왜 다른 성분들과 달리 칼슘(Ca^{2+}), 중탄산 이온(HCO_3^-) 성분이 해수에서 급격하게 감소했을까요? 이 성분은 석회암을 이루는 방해석($CaCO_3$)을 형성하거나 해양 생물의 골격을 구성하는 탄산 칼슘($CaCO_3$)으로 이용된 것으로 추정할 수 있습니다.

여기서 해저 화성 활동에 대해 한 번 더 살펴보도록 하겠습니다. 1870년 대까지 인류는 경험에 근거하여 지구상의 모든 생명체가 태양에서 오는 에너지에만 의존한다고 생각했습니다. 그래서 생태계를 구성하는 가장 아래 단계에 광합성 생물인 식물성 박테리아를 두었던 것입니다. 이런 이유로 심해에는 식물성 박테리아가 없고 산소도 없으므로 해양 생태계가 유지되기 힘들 것으로 생각했습니다.

그런데 1870년대 영국의 HMS 챌린저(HMS Challenger)호가 5년간 전세계 해양을 탐사하며 지금껏 보지 못한 독특하면서도 다양한 생물을 심해에서 많이 발견했습니다. 당시에는 어떻게 이런 일이 가능한지 파악하지 못했기 때문에, 해수 표층에서 내려오는 영양분과 고래 같은 대형 동물의 사체가 주된 에너지 공급원일 것으로 추측했습니다.

그 후 1977년 심해 탐사용 잠수정인 앨빈(Alvin)이 동태평양의 갈라파고스 부근 해저를 탐사하다가 수십 미터 크기의 심해 열수 분출구를 발견하였습니다. 이곳에서 황(S)과 메테인(CH_4)을 포함한 다양한 무기물에 의존해 살아가는 박테리아를 비롯한 생명체들을 찾아냈습니다.

이 발견 이전에 과학자들은 밀러-유리(Miller-Urey) 가설에 따라 원시

유로파에 외계 생명체가 존재할까?

유로파는 인류가 미래에 거주지로 삼을 가능성이 높으며 외계 생명체가 존재할 가능성이 가장 유력한 천체 중 하나다. 유로파에 생명체가 존재한다면 그것은 얼음 밑의 바다에 있을 것이고, 지구의 심해 열수 분출구 주변에 서식하는 미생물과 비슷할 것으로 예상된다. 유로파에 생명체가 존재한다는 직접적인 증거는 없지만, 탐사선들은 유로파에 액체 상태의 물이 존재할 가능성이 높다는 자료들을 보내왔다.

유로파는 모(母) 행성인 목성의 중력 영향으로 위성 내부에 마그마 활동이 나타나고, 이로 인해 얼음으로 된 표면 아래에 액체인 물로 된 바다가 존재한다고 과학자들은 믿고 있다. 그래서 과학자들은 지구의 심해 열수 분출구 주변 생태계에 서식하는 박테리아와 고세균 같은 생명체가 유로파의 바다에 있으리라 추정한다.

NASA의 제트 추진 연구소 수석 연구과학자인 로버트 파팔라도(Robert Pappalardo) 박사는 다음과 같이 말했다.

"우리는 한때 화성 생명체를 찾기 위해 많은 시간과 노력을 들였습니다. 오늘날에는 유로파가 그러한 장소입니다. (중략) 하지만 유로파는 잠재적으로 생명체에 필요한 모든 물질을 가지고 있습니다. (중략) 이는 몇십억 년 전 이야기가 아니라, 지금 현재의 이야기입니다."

대기의 성분이 번개 같은 방전 현상에 의해 유기물로 합성되어 바다에 공급되고, 이들이 결합하여 생명체가 탄생했을 거라고 추측하고 있었지요. 그런데 심해 열수 분출구 주변에서 초기 형태의 박테리아를 비롯한 생명체를 발견하자, 어쩌면 이곳이 지구 최초의 생명체가 탄생한 곳이 아닐까

하는 생각을 갖게 되었습니다.

물론 아직까지는 이 환경에서 생명체가 탄생했다는 직접적인 증거는 없습니다. 그러나 RNA 연구를 통해 이들 박테리아가 지구상에 등장한 시기가 35억 년 이전이라는 것을 알아내는 등, 후속 연구가 뒷받침되면서 현재 가장 유력한 생명 탄생에 관한 가설로 자리 잡고 있습니다.

지금까지 성운에서 태양계가 탄생하고, 지구가 생겨나 바다가 형성되고, 그곳에서 최초의 생명체가 탄생하는 과정을 살펴보았습니다. 아직 최초의 생명체 탄생 과정은 완전히 알아내지 못했지만, 이 생명체로부터 시작하여 지구의 수많은 생명체들이 진화해 왔다는 것을 알게 되었지요. 이처럼 지구와 생명의 역사는 우주의 진화 과정과 깊은 관련을 가지고 지금까지 이어져온 것입니다.

조사 활동 **챌린저호의 해양 탐사 활동 조사하기**

HMS 챌린저호는 1872년부터 5년간 전 세계 해양을 탐사하여 큰 성과를 이루었다. 챌린저호의 탐사에 관해 다음 내용을 조사해 보자.

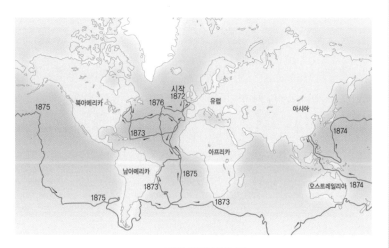

챌린저호의 탐사 경로

1. 챌린저호 탐사로 알아낸 염분비 일정의 법칙이 무엇인지 알아보자.

2. 챌린저호 탐사로 찾아낸 해양 생물에는 어떤 것이 있으며 특징은 무엇인지 조사해 보자.

3 자연은 원소의 규칙성을 어떻게 이용할까?

(!) 주기율, 주기율표, 금속과 비금속, 원자가 전자, 원자와 전자

지금까지 별의 진화 과정을 이야기하면서 수소, 헬륨, 탄소, 산소, 네온, 마그네슘, 규소, 철 등이 우주의 탄생과 함께 만들어진 원소라는 것을 배웠습니다. 우주의 탄생으로부터 만들어진 원소, 세상을 구성하는 원소, 인간을 구성하는 원소, 빵을 구성하는 원소, 분자를 구성하는 원소……. 이렇게 원소는 다양한 모습으로 우리 주변에서 삶의 지도를 펼치고 있습니다. 그렇다면 원소란 무엇일까요?

원소는 다른 물질로 분해되지 않으면서 물질을 이루는 기본 성분입니다. 그리고 물질을 구성하는 기본 입자를 원자라고 하지요. 예를 들어 꽃바구니 안에 장미 2송이, 튤립 3송이, 수국 4송이가 들어 있다면, 꽃은 3종류이고 꽃의 개수는 총 9송이입니다. 이때 꽃의 종류는 원소, 꽃송이 하나하나는 원자에 비유할 수 있습니다. 즉, 원소는 물질을 구성하는 성분의 종류를 뜻하고, 원자는 물질을 구성하는 각각의 입자를 뜻합니다.

자연에 존재하는 원소에는 어떤 것이 있을까요? 수소, 헬륨, 탄소, 질소, 산소, 나트륨, 염소, 칼륨 등 많은 원소가 자연 속에 있습니다. 이런 원소들은 자연에서 마음대로 아무렇게나 존재할까요? 아니면 어떤 규칙성을 가지고 있을까요?

이번 장에서 자연은 원소들의 규칙성을 어떻게 이용하는지, 규칙성이 있다면 어떤 모습으로 보여주는지 알아보도록 합시다.

원소를 분류한 과학자들

자연에 존재하는 원소의 종류는 몇 가지일까요? 2019년 기준으로 현재까지 세상에 알려진 원소는 총 118가지입니다. 118가지 원소를 성질에 따라 규칙성을 찾아 정리한 표를 주기율표라고 합니다.

18세기 초반까지는 약 20여 가지의 원소가 발견되었으나 18세기 후반에 들어 과학자들의 노력으로 많은 원소들을 발견했습니다. 이에 따라 원소 분류에 대한 관심이 높아졌습니다.

고대 그리스의 탈레스는 모든 만물을 만드는 단 한 가지 원소를 물이라고 생각했고, 아리스토텔레스는 물에 불, 공기, 흙을 추가하여 지상의 4가지 원소가 만물을 만들었다고 생각했지요. 아리스토텔레스는 4가지 원소를 자신이 정한 기준으로 분류했는데, 예를 들어 물과 흙은 무거운 원소로, 불과 공기는 가벼운 원소로, 또한 물과 흙은 차가운 원소로, 불과 공기는 뜨거운 원소로 나눌 수 있다고 생각했습니다.

아리스토텔레스는 이러한 4가지 원소가 이루는 지상의 세계가 불완전하여 천상의 세계에 '에테르(ether)'라는 제5원소가 있다는 데까지 생각

표준 주기율표(대한화학회, 2016)

1	2	3	4	5	6	7	8	9	10	11	12	13	14	15	16	17	18
1 H 수소 hydrogen 1.008 [1.0078, 1.0082]																	2 He 헬륨 helium 4.0026
3 Li 리튬 lithium 6.94 [6.938, 6.997]	4 Be 베릴륨 beryllium 9.0122											5 B 붕소 boron 10.81 [10.806, 10.821]	6 C 탄소 carbon 12.011 [12.009, 12.012]	7 N 질소 nitrogen 14.007 [14.006, 14.008]	8 O 산소 oxygen 15.999 [15.999, 16.000]	9 F 플루오린 fluorine 18.998	10 Ne 네온 neon 20.180
11 Na 소듐 sodium 22.990	12 Mg 마그네슘 magnesium 24.305 [24.304, 24.307]											13 Al 알루미늄 aluminium 26.982	14 Si 규소 silicon 28.085 [28.084, 28.086]	15 P 인 phosphorus 30.974	16 S 황 sulfur 32.06 [32.059, 32.076]	17 Cl 염소 chlorine 35.45 [35.446, 35.457]	18 Ar 아르곤 argon 39.948
19 K 포타슘 potassium 39.098	20 Ca 칼슘 calcium 40.078(4)	21 Sc 스칸듐 scandium 44.956	22 Ti 타이타늄 titanium 47.867	23 V 바나듐 vanadium 50.942	24 Cr 크로뮴 chromium 51.996	25 Mn 망가니즈 manganese 54.938	26 Fe 철 iron 55.845(2)	27 Co 코발트 cobalt 58.933	28 Ni 니켈 nickel 58.693	29 Cu 구리 copper 63.546(3)	30 Zn 아연 zinc 65.38(2)	31 Ga 갈륨 gallium 69.723	32 Ge 저마늄 germanium 72.630(8)	33 As 비소 arsenic 74.922	34 Se 셀레늄 selenium 78.971(8)	35 Br 브로민 bromine 79.904 [79.901, 79.907]	36 Kr 크립톤 krypton 83.798(2)
37 Rb 루비듐 rubidium 85.468	38 Sr 스트론튬 strontium 87.62	39 Y 이트륨 yttrium 88.906	40 Zr 지르코늄 zirconium 91.224(2)	41 Nb 나이오븀 niobium 92.906	42 Mo 몰리브데넘 molybdenum 95.95	43 Tc 테크네튬 technetium	44 Ru 루테늄 ruthenium 101.07(2)	45 Rh 로듐 rhodium 102.91	46 Pd 팔라듐 palladium 106.42	47 Ag 은 silver 107.87	48 Cd 카드뮴 cadmium 112.41	49 In 인듐 indium 114.82	50 Sn 주석 tin 118.71	51 Sb 안티모니 antimony 121.76	52 Te 텔루륨 tellurium 127.60(3)	53 I 아이오딘 iodine 126.90	54 Xe 제논 xenon 131.29
55 Cs 세슘 caesium 132.91	56 Ba 바륨 barium 137.33	57-71 란타넘족 lanthanoids	72 Hf 하프늄 hafnium 178.49(2)	73 Ta 탄탈럼 tantalum 180.95	74 W 텅스텐 tungsten 183.84	75 Re 레늄 rhenium 186.21	76 Os 오스뮴 osmium 190.23(3)	77 Ir 이리듐 iridium 192.22	78 Pt 백금 platinum 195.08	79 Au 금 gold 196.97	80 Hg 수은 mercury 200.59	81 Tl 탈륨 thallium 204.38 [204.38, 204.39]	82 Pb 납 lead 207.2	83 Bi 비스무트 bismuth 208.98	84 Po 폴로늄 polonium	85 At 아스타틴 astatine	86 Rn 라돈 radon
87 Fr 프랑슘 francium	88 Ra 라듐 radium	89-103 악티늄족 actinoids	104 Rf 러더포듐 rutherfordium	105 Db 두브늄 dubnium	106 Sg 시보귬 seaborgium	107 Bh 보륨 bohrium	108 Hs 하슘 hassium	109 Mt 마이트너륨 meitnerium	110 Ds 다름슈타튬 darmstadtium	111 Rg 뢴트게늄 roentgenium	112 Cn 코페르니슘 copernicium	113 Nh 니호늄 nihonium	114 Fl 플레로븀 flerovium	115 Mc 모스코븀 moscovium	116 Lv 리버모륨 livermorium	117 Ts 테네신 tennessine	118 Og 오가네손 oganesson

표기법:
원자 번호
기호
원소이름(국문)
원소이름(영문)
일반 원자량
표준 원자량

| 57 La 란타넘 lanthanum 138.91 | 58 Ce 세륨 cerium 140.12 | 59 Pr 프라세오디뮴 praseodymium 140.91 | 60 Nd 네오디뮴 neodymium 144.24 | 61 Pm 프로메튬 promethium | 62 Sm 사마륨 samarium 150.36(2) | 63 Eu 유로퓸 europium 151.96 | 64 Gd 가돌리늄 gadolinium 157.25(3) | 65 Tb 터븀 terbium 158.93 | 66 Dy 디스프로슘 dysprosium 162.50 | 67 Ho 홀뮴 holmium 164.93 | 68 Er 어븀 erbium 167.26 | 69 Tm 툴륨 thulium 168.93 | 70 Yb 이터븀 ytterbium 173.05 | 71 Lu 루테튬 lutetium 174.97 |

| 89 Ac 악티늄 actinium | 90 Th 토륨 thorium 232.04 | 91 Pa 프로트악티늄 protactinium 231.04 | 92 U 우라늄 uranium 238.03 | 93 Np 넵투늄 neptunium | 94 Pu 플루토늄 plutonium | 95 Am 아메리슘 americium | 96 Cm 퀴륨 curium | 97 Bk 버클륨 berkelium | 98 Cf 캘리포늄 californium | 99 Es 아인슈타이늄 einsteinium | 100 Fm 페르뮴 fermium | 101 Md 멘델레븀 mendelevium | 102 No 노벨륨 nobelium | 103 Lr 로렌슘 lawrencium |

을 발전시켰습니다. 이러한 아리스토텔레스의 생각을 바탕으로 〈제5원소〉라는 영화가 만들어지기도 했습니다.

1997년 제50회 칸 영화제 개막작인 〈제5원소〉는 지구인이 우주 악당에 맞서 사라진 4개의 원소를 찾고 마지막 제5원소의 비밀을 밝힌다는 줄거리입니다. 감독은 이 작품에서 제5원소를 무엇이라고 했는지 영화를 감상하고 생각해 보는 것도 의미가 있겠습니다.

아리스토텔레스 이후 근대에 들어와 과학적인 의미를 가지고 원소를 분류한 과학자는 18세기 후반 프랑스의 화학자 앙투안 라부아지에(Antoine Lavoisier)였습니다. 그는 당시 알려진 30여 가지 원소들을 산소와 반응해서 생기는 생성물의 성질에 따라 4개의 군으로 분류했습니다. 동물과 식물 및 광물에 포함된 원소, 산을 만드는 원소, 염기를 만드는 원소, 염을 만드는 원소를 각각 하나의 군으로 분류한 것입니다. 라부아지에의 분류는 근대적 의미로 분류를 시도했다는 의의가 있지만, 현대적 관점에서 보면 큰 의미는 없다는 한계가 있습니다.

여기서 잠깐! 여러분이 알고 있는 유명한 부부 과학자는 누가 있나요? 퀴리(Curie) 부부? 맞습니다. 퀴리 부부는 라듐(Ra)이라는 원소를 발견하여 분리해 낸 공로로 1903년 노벨 물리학상을 공동으로 수상한 프랑스의 물리화학자입니다. 부인인 마리아 퀴리는 남편인 피에르 퀴리가 사망한 이후 1911년 노벨 화학상을 단독으로 수상하기도 했습니다.

그런데 이토록 유명한 부부 과학자인 퀴리 부부보다 100년 전에 활동한 부부가 바로 라부아지에 부부입니다. 앙투안 라부아지에와 그의 부인 마리-앤 라부아지에 역시 프랑스의 부부 과학자였습니다.

중세에서 근대로 넘어오는 19세기는 여성 과학자를 낮게 평가하던 시대였기 때문에 라부아지에 부부는 퀴리 부부만큼 유명하지는 않았습니다. 그러나 훌륭한 동료로서 근대 화학 역사에 많은 실험적 가치와 이론적 업적을 남겼지요. 아쉽게도 앙투안 라부아지에는 세금을 거두는 조합원이라는 이유로 프랑스혁명 당시 단두대에서 사형을 당했습니다.

이후 19세기 중반에 이르러 대부분 원소들의 물리적·화학적 성질에 대한 연구가 발표되자 원소의 유사성을 찾는 연구가 집중되었습니다. 1817년 독일의 화학자 요한 되베라이너(Johann Döbereiner)는 화학적으로 성질이 유사한 3개의 원소를 쌍으로 묶었습니다.

예를 들어 칼슘(Ca), 스트론튬(Sr), 바륨(Ba)은 화학적 성질이 비슷한 원소들이며, 원자량 또한 각각 40, 88, 137로 비슷한 차이로 늘어납니다. 즉, 스트론튬의 원자량이 칼슘과 바륨 원자량의 평균값에 가까운 것입니다.

되베라이너는 이렇게 화학적 성질이 비슷한 원소들의 원자량을 측정하여 규칙성을 찾아서 분류했습니다. 이 밖에 염소(Cl)-브로민(Br)-아이오딘(I), 리튬(Li)-나트륨(Na)-칼륨(K)의 경우도 3쌍 원소에 포함됩니다. 그러나 되베라이너의 분류 방법은 모든 원소에 적용할 수 없다는 한계가 있었습니다.

19세기 중반 음악에 조예가 깊었던 영국의 화학자 존 뉴랜즈(John Newlands)는 원소들을 원자량 순서로 배열하면 옥타브 음계처럼 8번째마다 물리적·화학적 성질이 비슷한 원소가 나타난다는 사실을 발견했습니다. 그래서 이를 '옥타브 법칙'이라고 명명하였지요.

당시에는 18족 원소인 비활성 기체가 발견되지 않았기 때문에 옥타브 법칙이 성립할 수 있었습니다. 현재는 17족 원소인 할로젠 원소와 1족 원소인 알칼리 금속 원소 사이에 비활성 기체 원소가 들어가므로 9번째마다 비슷한 성질이 나타난다고 볼 수 있습니다.

멘델레예프가 발견한 원소의 규칙성

원자 번호 101번 Md는 '멘델레븀'이라고 읽습니다. 이 원소는 러시아의 화학자 드미트리 멘델레예프(Dmitri Mendeleev)를 기리기 위해서 명명한 원소입니다. 1869년 멘델레예프는 원소의 성질과 원자량과의 관계에 관한 연구 결과를 발표했습니다. 여기에는 원소들을 원자량뿐만 아니라 물리적·화학적 성질도 함께 고려하여 배열함으로써 원소의 성질이 주기적으로 나타나는 것을 표현한 주기율표가 포함되어 있었지요.

그는 원소의 성질을 조사하기 위해 여러 장의 카드를 준비하고, 각 카드마다 원소의 특징을 기록한 뒤 바닥에 펼친 후 여러 가지 조합으로 배열을 바꾸면서 일정한 규칙을 찾아냈습니다. 당시 알려진 63종의 원소를 분류하여 가로축과 세로축에 배열한 표가 바로 멘델레예프의 주기율표입니다.

원소의 규칙을 찾는 데 왜 카드를 이용했을까요? 멘델레예프가 자신만의 주기율표를 완성하게 된 계기와 관련된 일화가 있습니다. 멘델레예프는 상트페테르부르크 대학의 화학과 교수였습니다. 그런데 기숙사 생활을 하는 학생들이 밤새 카드 게임을 하고 다음 날 아침에 졸린 상태로 강의실에 들어오는 모습을 보고는, 학생들에게 자신이 연구하고 있는 원소의 규칙성을 알려주기 위해서 카드 게임을 도입했다고 합니다.

그는 종이로 만든 카드에 원소의 성질과 원자량을 적은 다음, 학생들에게 규칙성을 찾아서 배열해 보라고 하고, 배열이 끝난 학생은 기숙사로 돌아가도 좋다고 제안했습니다. 카드 게임에 자신이 있는 학생들은 몇 번이고 주어진 원소 카드 배열을 시도했습니다. 멘델레예프 역시 답을 모르고 제안한 것이라 학생들과 함께 수많은 시도를 했는데도 정확한 배열 방법을 찾지 못해 애만 태우며 시간을 보낼 수밖에 없었습니다.

그러던 어느 날, 멘델레예프는 꿈속에서 자신이 고민했던 원소의 규칙성이 반영된 주기율표의 모습을 보게 되었습니다. 잠에서 깬 그는 꿈속에서 본 장면을 그대로 옮겨 적었는데, 이것이 오늘날 우리가 사용하는 주기율표의 기본 틀이 탄생하는 순간이었습니다.

이 일화는 멘델레예프가 원소의 규칙성을 우연히 발견했다거나 꿈의 해몽으로 해결했다는 이야기가 아니라, 그가 그만큼 오랜 시간 동안 고민하고 연구한 과학자였음을 알려줍니다.

멘델레예프가 제안한 주기율표는 3쌍 원소는 물론 전체적인 가로축과 세로축 및 대각선의 관계에서도 규칙성을 찾을 수 있습니다. 또한 그의 주기율표에는 그 당시 발견하지 못한 원소를 위한 빈칸도 마련되어 있었습니다. 멘델레예프는 새로운 원소가 발견될 것이라고 보고 그 원소의 원자량 및 특성까지 예측하고는, 후대에 발견할 과학자에게 원소 이름을 부여하는 영광을 남겨주기 위해서 이름은 미리 짓지 않았습니다.

예를 들어 멘델레예프는 주기율표를 발표할 때 원소를 원자량 순서로 배열하면 화학적 성질이 다른 원소가 세로줄에 온다는 이유로 알루미늄(Al)과 규소(Si)의 아래 칸을 비우고, 각각 에카알루미늄과 에카규소라고 명명했습니다. 에카(eka)는 산스크리트어로 1을 뜻하며, 주기율표에서 같은 족에 속하면서 다음 주기에 있다는 뜻입니다.

주기율표에서 가로줄을 주기(period), 세로줄을 족(group 또는 family)이라고 부르는데, 현재 주기율표에서 에카알루미늄은 갈륨(Ga)이고, 에카규소는 저마늄(Ge)입니다.

특히 저마늄의 경우에 원자량은 물론 밀도, 색상, 녹는점, 화합물 등이 멘델레예프가 예상했던 것과 대부분 일치하여 멘델레예프가 제안한 주기율표는 이후 과학계에서 널리 인정받게 되었습니다. 심지어 앞으로 발견될 원소를 함유한 광물이 묻혀 있는 지역을 예측하기도 했다니 멘델레예프의 열정과 노력에 큰 박수를 보내고 싶습니다.

만약 멘델레예프가 업적에 욕심이 많은 과학자였다면 원소의 이름은 미리 짓고, 이후 후배 과학자의 발견마저 자신의 업적으로 삼을 수도 있었겠지요. 그러나 그렇게 하지 않은 것을 보면, 멘델레예프는 윤리의식을 제대로 갖춘 과학자가 아닌가 하는 생각이 듭니다.

멘델레예프 이후 원자핵이 양성자와 중성자로 구성되었다는 원자 구조가 밝혀지면서 주기율표는 원자량 순서보다는 양성자 개수를 뜻하는 원자 번호 순서로 배열되었습니다. 원자량 순서가 아닌 원자 번호에 따라 원소를 배열하는 방식은 영국의 과학자 헨리 모즐리(Henry Moseley)가 제안했습니다.

그 당시 대부분의 과학자들은 멘델레예프가 제안한 방법에 따라 원자량 순서로 번호를 정했는데, 28번 니켈(Ni)과 27번 코발트(Co)에서는 원자량 순서가 맞지 않았습니다. 코발트의 원자량이 니켈의 원자량보다 약간 크기 때문에 원자량 순서에 따르면 코발트가 28번, 니켈이 27번의 위치에 배열되어야 했지만 이럴 경우 주기율에서 벗어나 주기율표가 제 역할을 못 하게 됩니다. 모즐리는 X선을 이용하여 원소들을 분석한 결과, 원자들을 원자 번호 순서로 배열하면 멘델레예프의 주기율표에서 발생하는 이런 문제들을 해결할 수 있다는 사실을 알아냈습니다.

결국 모즐리 덕분에 주기율표에서 현재 코발트가 27번, 니켈이 28번에 주기성을 가지면서 맞게 배열될 수 있었습니다. 그러나 모즐리의 연구 결과 역시 양성자의 존재를 발견하기 이전에 내린 결론을 포함하고 있어서 원자 번호의 의미를 정확하게 정의하지 않았다는 한계가 있습니다. 더구

놀라운 멘델레예프의 예측과 모즐리의 주기율표

멘델레예프와 모즐리 이후 주기율표의 개념이 일부 수정되었다. 그러나 원자 번호가 커질수록 원소의 원자량도 대체로 증가하는 것으로 볼 때, 원자 구조를 명확히 알지 못하던 그 시절에 멘델레예프가 이룬 업적이 우연한 발견이 아님을 알 수 있다. 멘델레예프가 원자량 순서를 어기면서 화학적 성질에 따라 배열했던 일부 원소도 후대에 원자 번호 순서로 배열하면 문제가 없어진다는 것이 밝혀지기도 했다.

멘델레예프가 제안한 주기율표 이후 모즐리가 제안한 주기율표 역시 원소들의 순서는 바뀌지 않아 멘델레예프의 업적을 다시 세상에 드러내게 되었다.

나 모즐리는 원소에 X선을 쪼였을 때의 반응과 원자 번호의 관계를 수학적으로 증명한 이후 아깝게도 제1차 세계대전이 진행 중인 1915년에 젊은 나이로 사망하여, 자신의 연구가 가진 한계를 극복할 시간을 갖지 못했습니다.

과학자들은 물질에 대한 연구를 진행할 때 원소의 특성을 이해하기 위해서 주기율표를 참고합니다. 주기율표를 보면서 어떤 원소들이 유사한 성질을 갖는지, 새로운 물질을 합성할 때 어떤 원소들을 활용할지 등을 생각하는 것입니다.

특히 물질을 다루는 연구를 수행할 때, 주기율표에서 원소들의 규칙성을 이해하는 것은 미지의 물질세계를 접할 때의 두려움을 친숙함으로 바꿔주는 역할을 하기도 합니다. 원소들의 규칙성을 알면 미궁에 빠진 연구가 새로운 탈출구를 찾을 수 있기 때문에, 과학자들은 끊임없이 각 원소의 규칙성을 찾아내기 위해 오늘도 주기율표의 원소를 뚫어지게 바라보고 있습니다.

금속 원소와 비금속 원소의 규칙성은 무엇일까?

자연에 존재하는 원소는 금속 성질을 갖는 원소와 비금속 성질을 갖는 원소로 분류할 수 있습니다. 금속은 열과 전기가 잘 흐르는 물질이고, 비금속은 열과 전기가 흐르지 않거나 흐르더라도 매우 미약하게 흐르는 물질을 말합니다. 118개 원소가 배열된 주기율표를 살펴보면 금속 원소는 주로 왼쪽에, 비금속 원소는 주로 오른쪽에 배열되어 있습니다. 주기율표에서 같은 세로줄, 즉 같은 족에 배열된 원소는 화학적 성질이 유사합니다. 이것이 주기율표에서 원소의 규칙성을 찾는 데 가장 중요한 기준이지요.

주기율표에서 리튬(Li), 나트륨(Na), 칼륨(K) 같은 1족 금속 원소는 쉽게 잘릴 정도로 무르고, 공기 중에서 쉽게 산소와 반응하여 산화되어 금속 특유의 밝은 광택을 잃습니다. 또한 물에 넣으면 물과 반응하여 수소 기체를 발생시키며 격렬하게 녹아 들어가고, 화학 반응으로 쉽게 양이온이 되는 성질을 공통적으로 가지고 있습니다. 과학자들은 이처럼 성질이 비슷한 원소들 사이에 규칙성이 있을 것이라고 보고 그 규칙성을 찾기 위해서 노력했습니다.

1족 원소는 수소를 제외하고 모두 금속이며, 특히 1족의 금속 원소를 알칼리(alkali) 금속 원소라고 부릅니다. 알칼리는 물에 녹는 염기를 말하는데, 물에 녹아 염기를 띠는 성질을 염기성 또는 알칼리성이라고 부르는 이유가 바로 이 때문입니다. 알칼리 금속은 문구용 칼로도 쉽게 잘리고, 잘린 단면의 색은 겉면의 색과 다른데 겉면은 공기 중에서 쉽게 산화됩니다. 또한 알칼리 금속을 물에 넣으면 매우 격렬하게 반응하면서 수소 기체가 발생합니다.

알칼리 금속이 물과 반응하여 발생한 수소 기체를 모아 불을 붙이면 '펑' 하는 소리와 함께 수소 기체가 폭발합니다. 물과 반응성이 크기 때문에 알칼리 금속은 공기 중의 수증기를 차단할 수 있는 석유 같은 액체 속에 보관해야 합니다.

주기율표에서 1족 원소 바로 옆 세로줄에는 2족 원소인 베릴륨(Be), 마그네슘(Mg), 칼슘(Ca) 등이 배열되어 있습니다. 이들 2족 원소는 모두 금속 원소이며, 알칼리 토금속이라고도 부릅니다. 금속 앞에 붙인 '토(土)'는 흙을 뜻합니다. 즉, 흙에서 쉽게 얻을 수 있는 원소라는 뜻입니다.

알칼리 토금속은 대체로 은백색을 띠며, 무르고 밀도가 낮습니다. 화학 반응하여 쉽게 양이온이 되고, 할로젠 원소와 결합하면 염을 생성합니다. 염이란 금속의 양이온과 비금속의 음이온이 결합한 물질을 말합니다. 일부 알칼리 토금속은 알칼리 금속처럼 물과 격렬한 반응을 하여 강한 염기성 수산화물을 만들 수 있습니다. 나트륨이나 칼륨, 칼슘이 상온에서 물과 반응하는 것과 달리, 마그네슘은 상온에서 물과 반응하지 않고 수증기와 격렬히 반응합니다.

주기율표에서 17족 원소는 비금속 원소이며, 할로젠 원소라고 불립니다. 할로젠이란 '염을 만드는 물질'이라는 뜻의 그리스어에서 따온 이름입니다. 플루오린(F), 염소(Cl), 브로민(Br), 아이오딘(I) 등이 여기에 해당하지요. 할로젠 원소는 화학 반응하여 쉽게 음이온이 되며, 할로젠 원소끼리 2원자 분자 상태가 되어 세상에 존재합니다.

할로젠 분자들은 색을 띠고 있으며, 유독한 경우가 많으니 다룰 때 조심해야 합니다. 할로젠 분자는 수소 기체와 반응하여 할로젠화 수소를 생성하는데, 할로젠화 수소는 물에 녹아 산성을 나타냅니다. 또한 할로젠 분자는 알칼리 금속과 쉽게 반응하여 염을 만듭니다. 할로젠 원소는 반응성이 커서 살균이나 표백에 이용하기도 하는데, 우리나라 대부분의 정수 시설에서는 물을 살균 및 소독하기 위해서 염소 기체를 사용합니다.

이밖에도 반도체를 만드는 데 사용하는 14족 원소인 규소(Si)와 저마늄(Ge)은 외부 조건에 따라 전기적으로 도체, 혹은 부도체 성질을 띱니다. 이러한 반도체 성질을 갖는 규소와 저마늄은 산업 현장에서 각종 전자 소자 재료로 이용됩니다. 최근에는 14족 원소의 규칙성을 이용하여 탄소를 반도체 소자로 이용하는 기술이 개발되고 있습니다.

다양한 모양과 주제의 주기율표

주기율표는 118개 원소를 원소 기호와 이름으로 표기하여 7개 주기와 18개 족을 기준으로 배치한 형태가 일반적이지만, 모양이나 형식을 다양하게 표현하여 나타낼 수 있습니다. 원소가 일상생활에서 어떤 용도로 사용되는지를 간단한 그림으로 나타낸 주기율표도 있지요.

평면에 펼친 그림 형태로 나타낸 주기율표와 달리 7개 주기와 18개 족을 원에 배열하여 주기율표의 중심에서 같은 족의 원소들이 같은 반지름 위에 놓이도록 표현한 주기율표도 있습니다. 기존의 평면 주기율표를 오려서 입체 모양으로 만든 것도 있고요. 해당 원소를 발견한 과학자의 국가를 표

원 모양의 주기율표(위)와 일상생활 속 원소의 다양한 용도를 나타낸 주기율표(아래)

시한 주기율표도 있습니다.

이 장에서는 자연이 원소의 규칙성을 어떻게 이용하는지 알아보았습니다. 자연에 존재하는 원소들은 아무렇게나 존재하는 것이 아니라 일정한 규칙과 조화를 이루며 세상을 구성하고 있습니다. 이렇게 규칙과 조화를 이루는 원소들을 한 자리에 모은 주기율표는 화학적 성질이 비슷한 원소들끼리 일정한 규칙에 따라 배열한 것입니다. 물질을 이루는 원소들의 규칙성을 이용하여 우리는 현재 세상을 이해하고, 미래를 예측할 수 있습니다.

제작 활동 **주기율표를 이용하여 생활 속 물품 디자인하기**

주기율표를 디자인에 이용한 여러 가지 생활용품을 만들어보자.

준비물 : 스케치용 도화지, 연필, 유성펜, 현대 주기율표

1. 주기율표를 이용하여 만들 수 있는 물건이나 제품을 찾아본다.

주기율표를 활용한 시계 예시

2. 과정 1에서 찾은 물건이나 제품이 일상생활에서 어떻게 활용되고 있는지
   조사한다.

3. 주기율표를 이용하여 만들 수 있는 물
   건이나 제품의 설계도를 그리고, 제작
   에 필요한 아이디어를 조사한다.

손전등 설계 예시

4. 아이디어를 바탕으로 주기율표를 이용
   하여 만들 물건이나 제품을 제작한다.

5. 주기율표를 이용하여 만든 물건이나 제품 사진을 찍어서 친구들의 평가를
   받는다.

4 원자는 왜 화학 결합을 할까?

(!) 가장 바깥 전자껍질, 비활성 기체, 이온 결합, 공유 결합, 화학 결합

헬륨을 가득 채운 색색의 풍선이 높이 떠 있는 맑은 하늘을 상상해 봅시다. 그런데 왜 풍선에는 헬륨보다 더 가벼운 수소가 아닌 헬륨을 채울까요? 그것은 풍선이 터지더라도 하늘을 올려다보는 우리의 안전에 문제가 없도록 하기 위해서입니다. 수소는 풍선이 터질 때 폭발을 일으킬 수도 있으니까요.

헬륨은 수소 다음으로 가벼운 원소이며 다른 원소와 잘 반응하지 않지만, 지구상에는 거의 존재하지 않습니다. 대기 속 헬륨의 양은 약 0.0005% 정도로 매우 적으며, 주로 방사성 물질을 포함하는 광물이나 운철 등에 소량으로 존재합니다. 그러나 미국의 텍사스나 뉴멕시코, 캔자스, 오클라호마, 애리조나, 유타 등에서 산출되는 천연가스에는 지구 대기 조성비보다 훨씬 많은 양의 헬륨이 포함되어 있기도 합니다. 천연가스 속에 헬륨이 포함되어 있는 까닭은 무거운 방사성 원소의 원자핵이 붕괴하

면서 만드는 알파 입자인 헬륨 원자핵($_2^4He^{2+}$) 때문입니다.

반면 헬륨은 우주에서는 수소에 이어 두 번째로 흔한 원소로서, 은하계 전체 원소의 약 25%를 차지합니다. 태양과 가스 행성(목성, 토성, 천왕성, 해왕성)들도 수소와 헬륨이 대기의 대부분을 차지하고 있습니다. 수소는 수소 원자 2개가 화학 결합하여 더 안정한 수소 분자를 만드는 데 비해 헬륨은 화학 결합하지 않고 원자 자체로 안정하게 존재합니다.

왜 수소는 안정한 물질을 만들기 위해 화학 결합을 하는데 헬륨은 그러지 않는 걸까요? 헬륨 말고도 화학 결합을 하지 않고 안정하게 존재하는 원소가 있을까요?

이번 장에서는 원자가 화학 결합을 하는 이유와 함께 어떻게 화학 결합을 하는지 알아봅시다.

비활성 기체를 닮아야 안정하다

비활성 기체를 닮아야 안정하다는 말의 의미를 알기 위해서는 먼저 비활성 기체의 정의를 알아야 합니다. 멘델레예프가 제시한 63종의 원소가 포함된 주기율표에는 현대 주기율표의 18족에 해당하는 원소, 즉 비활성 기체가 없었습니다. 그 이유는 무엇일까요?

앞에서 언급했듯이 주기율표의 1족 알칼리 금속 원소와 17족 할로젠 원소는 반응성이 매우 커서 화학 반응이 쉽게 일어납니다. 그러나 이와 달리 18족 원소인 헬륨(He), 네온(Ne), 아르곤(Ar) 등은 반응성이 별로 없어서 화학 반응이 거의 일어나지 않지요. 그래서 18족 원소들을 '다른 원소와 반응하지 않는 원소, 활성이 없는 원소'라는 뜻으로 처음에는 '불활성 기체' 또는 '불활성 원소'라고 불렀습니다.

이후 과학자들이 일부 18족 원소가 불안정하지만 짧은 시간 동안 화합물을 형성한다는 사실을 알아내서 이름을 비활성 기체라고 바꿔 지금까지 부르고 있습니다.

이제 비활성 기체라고 불리는 18족 원소가 왜 안정성을 갖는지, 그 이유와 18족 원소만의 특징을 가장 바깥 전자껍질[10]에 채워진 전자 수를 통해서 알아봅시다.

18족 원소 중 원자 번호 2번 헬륨은 가장 바깥 전자껍질에 채워진 전자 수가 2이고, 나머지 18족 원소인 네온과 아르곤 등은 가장 바깥 전자껍질에 채워진 전자 수가 각각 8입니다. 18족 원소인 비활성 기체는 다른 원소와의 반응성이 거의 없어서 자연계에서 혼자 안정적으로 존재합니다.

반면 가장 바깥 전자껍질에 채워진 전자 수가 1인 리튬(Li), 나트륨(Na), 칼륨(K) 같은 1족 알칼리 금속 원소와 가장 바깥 전자껍질에 채워진 전자 수가 7인 플루오린(F), 염소(Cl), 브로민(Br), 아이오딘(I) 같은 17족 할로젠 원소는 반응성이 매우 커서 다른 원소와 쉽게 화학 반응합니다. 결국 가장 바깥 전자껍질에 채워진 전자 수에 따라 반응성이 거의 없기도 하고, 매우 크기도 한 것입니다.

원자의 반응성과 가장 바깥 전자껍질에 채워진 전자 수는 어떤 관계가 있을까요? 18족 원소의 공통점은 헬륨을 제외하고 가장 바깥 전자껍질에 채워진 전자 수가 8이라는 것입니다. 이 사실이 안정성의 비밀을 풀어 줄 테니 지금부터 원자 구조의 세계로 들어가 봅시다.

---

10 원자핵 주변에서 전자가 돌고 있는 궤도를 이르는 말. 각 껍질에는 전자가 여러 개 들어가는데, 여기에는 일정한 규칙이 있다.

다음 그림은 원자 번호 8번인 산소 원자의 구조를 모형으로 나타낸 것입니다.

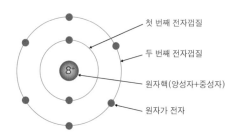

가운데 원자핵을 중심으로 전자가 채워져 있는데 전자가 채워진 부분을 전자껍질이라고 부릅니다. 우리는 가장 바깥 전자껍질에 채워진 전자에 관심을 가져야 합니다. 이 전자는 다른 원자의 가장 바깥 전자껍질에 채워진 전자와 제일 가까운 거리에서(=가장 높은 확률로) 만날 수 있으므로 화학 반응에 참여할 수 있는 대표 전자라고 할 수 있습니다.

다음 그림은 18족 원소인 헬륨, 네온, 아르곤 원자의 전자 배치를 모형으로 나타낸 것입니다.

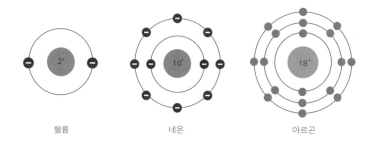

헬륨은 1주기 18족 원소이고, 네온은 2주기 18족 원소, 아르곤은 3주기 18족 원소입니다. 주기가 커질수록 전자껍질 수는 1개씩 증가하지만, 헬

륨을 제외하고 18족 원소에 해당하는 원자의 가장 바깥 전자껍질에 채워진 전자 수는 8로 같습니다. 전자껍질 수는 다르지만 가장 바깥 전자껍질에 채워진 전자 수는 같은 것입니다. 그러면 각 전자껍질에 최대로 채울 수 있는 전자 수는 얼마일까요?

원자핵과 가장 가까운 전자껍질, 즉 가장 안쪽 전자껍질에 최대로 채울 수 있는 전자 수는 2입니다. 그다음 두 번째 전자껍질에 최대로 채울 수 있는 전자 수는 8, 세 번째 전자껍질에 최대로 채울 수 있는 전자 수도 8입니다. 결국 18족 원소의 원자는 가장 바깥 전자껍질에 최대로 전자를 채우고 있다는 공통점이 있습니다. 이를 바탕으로 자연계에서 안정한 모습으로 존재하는 것입니다.

그러므로 비활성 기체를 닮아야 안정하다는 말은 결국 비활성 기체의 전자 배치를 닮아야 한다는 뜻이지요. 즉, 어떤 원소가 18족 원소의 원자 가장 바깥 전자껍질에 채워진 전자 수를 닮으면 18족 원소처럼 안정하다는 의미입니다.

전자를 주고받은 양이온과 음이온이 만나다

1족 알칼리 금속 원소에 속하는 나트륨(Na) 원자는 가장 바깥 전자껍질에 채워진 전자 수가 1로 18족 원소와 달리 반응성이 큽니다. 17족 할로젠 원소에 속하는 염소(Cl) 원자도 마찬가지로 가장 바깥 전자껍질에 채워진 전자 수가 7로 18족 원소와 달리 반응성이 큽니다.

그런데 이렇게 반응성이 큰 나트륨 원자의 양이온과 염소 원자의 음이온이 반응하여 만드는 화합물인 염화 나트륨(NaCl)은 안정합니다. 반응성이 큰 원자의 이온들로 이루어진 화합물이 안정한 이유는 무엇일까요?

나트륨과 염소 원자는 반응성이 매우 크기 때문에 자연계에서 원자 상태로 안정하게 존재하기 어려워 염화 나트륨 같은 화합물을 만들어 안정한 상태로 존재하려고 합니다. 염화 나트륨은 우리가 살고 있는 1기압, 상온에서 안정한 고체 물질이며, 물에 녹아 쉽게 이온이 됩니다. 다음은 염화 나트륨이 물에 녹으면서 이온화하는 반응의 화학 반응식입니다.

$$NaCl \rightarrow Na^+ + Cl^-$$

염화 나트륨이 물속에서 나트륨 이온(Na^+)과 염화 이온(Cl^-)으로 이온화할 수 있는 이유는 염화 나트륨 내에서 나트륨은 나트륨 이온으로, 염소는 염화 이온으로 존재하기 때문입니다. 나트륨 원자는 나트륨 이온이 되면서 가장 바깥 전자껍질에 채워진 전자 1개를 잃어 양이온이 되고, 염소 원자는 염화 이온이 되면서 가장 바깥 전자껍질에 전자 1개를 얻어 음이온이 됩니다.

이렇게 만들어진 양이온인 나트륨 이온과 음이온인 염화 이온이 정전기적 인력으로 결합하여 염화 나트륨을 만드는 것이지요. 이처럼 양이온과 음이온 사이에 형성되는 화학 결합을 이온 결합이라고 합니다. 이온 결합은 주로 전자를 잃기 쉬운 금속 원소와 전자를 얻기 쉬운 비금속 원소 사이에서 일어납니다.

그렇다면 왜 나트륨 원자는 전자를 잃어 양이온이 되고, 염소 원자는 전자를 얻어 음이온이 될까요?

1족 알칼리 금속 원소인 나트륨 원자는 가장 바깥 전자껍질에 채워진 전자 수가 1로 18족 원소에 비해 상대적으로 전자 배치가 불안정합니다.

잠깐! 더 배워봅시다

반대에 끌리는 정전기적 인력

전기적으로 반대 전하를 가진 입자 사이에 서로를 끌어당기는 전기적 인력을 정전기적 인력이라고 한다. 일반적으로 전자와 원자핵 사이, 양이온과 음이온 사이에 발생한다. 정전기적 인력의 크기는 '쿨롱(Coulomb)의 법칙'을 통해 구할 수 있다. 쿨롱의 법칙이란 두 대전된 입자 사이에 작용하는 정전기적 인력이 두 전하의 곱에 비례하고, 두 입자 사이의 거리의 제곱에 반비례한다는 법칙이다. 이온 결합 화합물은 정전기적 인력으로 서로 결합되면서 만들어진다.

그래서 가장 바깥 전자껍질에 채워진 전자 1개를 잃으면 가장 바깥 전자껍질이 안쪽에 있는 전자껍질로 바뀌면서 8개의 전자가 배치된 모습을 보여주지요. 이때 나트륨 원자가 전자 1개를 잃은 전자 배치는 18족 원소인 네온의 전자 배치와 같아져 안정해집니다.

마찬가지로 17족 할로젠 원소인 염소 원자는 가장 바깥 전자껍질에 채워진 전자 수가 7로 18족 원소에 비해 상대적으로 전자 배치가 불안정합니다. 그러나 가장 바깥 전자껍질에 전자 1개를 얻으면 전자 수가 8이 되지요. 이때 염소 원자가 전자 1개를 얻은 전자 배치는 18족 원소인 아르곤의 전자 배치와 같아져 역시 안정해지는 것입니다.

결국 가장 바깥 전자껍질에 채워진 전자 수가 적은 원자는 전자를 잃어 양이온이 되어 안정한 18족 원소의 전자 배치를 닮고, 가장 바깥 전자껍질에 채워진 전자 수가 많은 원자는 전자를 얻어 음이온이 되어 안정한 18족 원소의 전자 배치를 닮습니다. 다음 그림은 나트륨 원자와 염소 원자가 이온화하여 이온 결합을 형성하는 모습을 나타낸 것입니다.

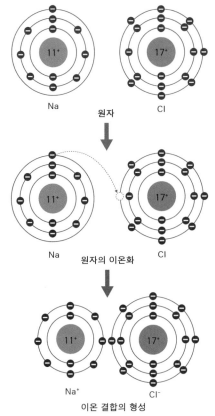

이온 결합의 형성   **나트륨 이온과 염화 이온의 이온 결합**

이온 결합으로 만들어진 다양한 화합물

나트륨 이온과 염화 이온이 이온 결합을 형성하여 만든 화합물인 염화
나트륨을 주성분으로 하는 물질은 무엇일까요?

바로 음식에 넣어 먹는 소금입니다. 소금을 영어로 salt라고 부르지요.
영어사전에서 salt를 검색하면 첫 번째로는 '소금', 두 번째로는 '염'이라는
풀이가 나옵니다. 염이란 무엇일까요? 염은 산의 음이온과 염기의 양이온

우유니 소금 사막의 낮과 밤

이 정전기적 인력으로 결합하고 있는 이온 결합 화합물을 말합니다. 주로 물에 녹아 중성을 띠는 물질이 많으나, 산성이나 염기성을 띠는 물질도 있습니다. 염화 나트륨을 주성분으로 하는 소금 결정도 염에 해당합니다.

볼리비아에 위치한 살라르 데 우유니(Salar de Uyuni)는 건조 호수에 형성된 소금 사막입니다. 넓이가 무려 10,582km^{2}에 이르는 세계에서 가장 큰 소금 사막입니다. 사막 가운데에는 선인장으로 가득 찬 '물고기 섬'이 있는데 이곳에서 나는 주요 광물로 암염과 석고가 있습니다. 암염은 소금 같은 다양한 염으로 형성된 암석인데, 암염이 햇빛이나 별빛에 반사되는 모습이 아름다워 살라르 데 우유니는 '세상에서 가장 큰 거울'이라고 불립니다.

지각 변동으로 솟아올랐던 바다가 빙하기를 거쳐 2만 년 전 녹기 시작하면서 이 지역에 거대한 호수가 만들어졌는데, 이후 기후가 건조하여 물이 모두 증발하고 소금 결정만 남았습니다. 이렇게 생긴 것이 우유니 소금 사막이지요. 우유니 지역의 연 강수량은 200mm 미만으로 건조한 편인 데다가 기온이 높은 낮에 증발이 많이 일어나면서 소금기가 땅에 쌓여 소금 사막으로 발달한 것입니다.

이 지역의 소금 생산량은 100억 톤 이상으로 볼리비아 국민 전체가 수천 년간 먹을 수 있는 양입니다. 18족 원소를 닮은 형태로 형성된 양이온과 음이온이 만든 위대한 자연의 모습입니다.

나트륨 이온(Na^+)과 염화 이온(Cl^-)으로 만들어진 이온 결합 화합물 이외에도 다양한 이온 결합 화합물을 염이라고 부릅니다. 예를 들어 황산 마그네슘($MgSO_4$)은 엡섬 솔트(epsome salt)라고 부르며, 질산 칼륨(KNO_3)은 초석, 질산 나트륨($NaNO_3$)은 칠레나 페루 지역에서 많이 생산된다고 하여 칠레 초석 또는 페루 초석이라고 부릅니다.

황산 마그네슘은 마그네슘 이온(Mg^{2+})과 황산 이온(SO_4^{2-})이 화학 결합한 이온 결합 화합물이고, 질산 칼륨은 칼륨 이온(K^+)과 질산 이온(NO_3^-)이 화학 결합한 이온 결합 화합물입니다. 질산 나트륨은 나트륨 이온(Na^+)과 질산 이온(NO_3^-)이 화학 결합한 이온 결합 화합물입니다. 질산 칼륨이나 질산 나트륨이 물에 녹아 이온화하여 만들어지는 음이온인 질산 이온에 포함된 질소(N)는 비료와 화약의 주원료입니다.

남아메리카 국가에는 초석과 관련하여 아픈 역사가 있습니다. 초석은 남아메리카 대륙의 칠레, 볼리비아, 페루 등의 흥망성쇠를 초래한, 유명한 이온 결합 화합물입니다. 초석은 동물의 사체나 배설물 등에 박테리아가 작용하여 생긴 암석으로 앞서 이야기한 국가들의 경계 지역에 있는 사막에 집중적으로 매장되어 있습니다.

비료와 화약의 주요 원료이기 때문에 경제적 가치가 매우 높아서, 이를 두고 칠레가 이웃 나라인 볼리비아와 페루를 상대로 남미 태평양 전쟁(일명 초석 전쟁, 1879~1883)을 일으켰습니다.

이 전쟁에서 승리한 칠레와 달리 페루는 폐허가 되었고, 볼리비아는 바다로 나가는 길목을 잃고 내륙 국가로 전락하고 말았습니다. 게다가 전쟁에서 승리한 칠레 역시 오래지 않아 발전을 멈추었지요. 제1차 세계대전 중에 독일의 과학자 프리츠 하버(Fritz Haber)가 암모니아 대량 합성법을 개발하여 비료와 화약을 공업적으로 대량 생산하는 데 성공했기 때문입니다. 초석을 수출할 길이 막히자 칠레는 남미 태평양 전쟁 이후 얻은 화려한 발전을 멈추었고, 침체는 지금까지도 지속되고 있습니다.

다양한 이온으로 만들어진 이온 결합 화합물인 초석 역시 염을 구성하는 요소인 양이온과 음이온이 18족 원소를 닮아 안정한 가운데 형성됩니다.

전자를 공유하는 원자들

반응성이 큰 금속 원소의 양이온과 비금속 원소의 음이온이 화학 반응하면 이온 결합을 형성하면서 안정한 화합물을 만듭니다. 그런데 반응성이 큰 비금속 원소 사이에도 화학 결합이 이루어져 안정한 화합물을 만듭니다. 비금속 원소 사이에 안정한 화학 결합이 만들어지는 까닭은 무엇일까요?

수소 원자는 가장 바깥 전자껍질에 채워진 전자 수가 1인 비금속 원자이며, 산소 원자는 가장 바깥 전자껍질에 채워진 전자 수가 6인 비금속 원자입니다. 수소 원자와 산소 원자는 모두 반응성이 커서 원자 상태로는 자연계에 안정하게 존재하기 어렵습니다.

그러나 수소 원자끼리 반응하여 안정한 수소 분자(H_2)를 형성하거나, 산소 원자끼리 반응하여 안정한 산소 분자(O_2)를 형성하거나, 수소 원자와 산소 원자가 반응하여 안정한 물 분자(H_2O)를 형성할 수 있지요.

이렇게 비금속 원소끼리 반응하여 안정한 물질을 만드는 이유는 18족 원소인 헬륨, 네온, 아르곤 같은 원자들의 전자 배치와 어떤 관계가 있을까요?

가장 바깥 전자껍질에 채워진 전자 수가 1인 수소 원자 2개가 결합하여 수소 분자를 형성할 때, 각 수소 원자가 1개씩 내놓은 전자 2개, 즉 한 쌍의 전자를 공유하여 수소 원자 각각은 가장 바깥 전자껍질에 채워진 전자 수가 2가 됩니다. 따라서 수소 분자 내에서 수소 원자는 가장 바깥 전자껍질에 채워진 전자 수가 18족 원소인 헬륨 원자의 전자 배치와 같아져서 화학적으로 안정한 전자 배치를 형성합니다.

산소 원자도 수소 원자와 같은 방법으로 화학 결합을 합니다. 가장 바깥 전자껍질에 채워진 전자 수가 6인 산소 원자 2개가 서로 반응하여 산소 분자를 형성할 때, 각 산소 원자가 2개씩 내놓은 전자 4개, 즉 두 쌍의 전자를 공유하여 산소 원자 각각은 가장 바깥 전자껍질에 채워진 전자 수가 8이 됩니다. 따라서 산소 분자 내에서 산소 원자는 가장 바깥 전자껍질에 채워진 전자 수가 18족 원소인 네온 원자의 전자 배치와 같아져서 화학적으로 안정한 전자 배치를 형성합니다.

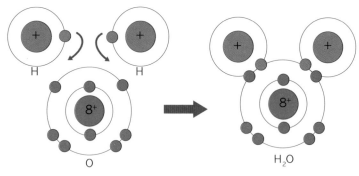

물 분자의 화학 결합

산소 원자와 수소 원자가 반응하여 형성하는 물 분자도 마찬가지입니다. 가장 바깥 전자껍질에 채워진 전자 수가 6인 산소 원자 1개와 가장 바깥 전자껍질에 채워진 전자 수가 1인 수소 원자 2개가 서로 반응하여 물 분자를 형성할 때, 산소 원자가 내놓은 전자 2개와 수소 원자가 내놓은 전자 2개가 두 쌍의 전자를 공유합니다. 산소 원자는 가장 바깥 전자껍질에 채워진 전자 수가 8이 되고, 수소 원자는 가장 바깥 전자껍질에 채워진 전자 수가 2가 됩니다.

따라서 물 분자 내에서 산소 원자는 가장 바깥 전자껍질에 채워진 전자 수가 18족 원소인 네온 원자의 전자 배치와 같아지고, 수소 원자는 가장 바깥 전자껍질에 채워진 전자 수가 18족 원소인 헬륨 원자의 전자 배치와 같아져서 화학적으로 안정한 전자 배치를 형성합니다.

이로써 우리는 상대적으로 불안정한 원자는 안정한 18족 원소의 원자가 가지는 가장 바깥 전자껍질의 전자 수와 같아지기 위해 화학 결합을 한다는 것을 알 수 있습니다.

전자 수를 18족 원소처럼 갖춘다는 것은, 자연계에 존재하는 데 안정성이 확보되는, 일종의 보험과도 같다고 할 수 있지요. 이렇게 산소, 수소 같은 비금속 원자들이 전자를 공유함으로써 형성하는 화학 결합을 '공유 결합'이라고 부릅니다.

이온 결합하는 원소들은 주기율표의 어디에 배열되어 있을까요? 18족 원소의 원자가 가지는 가장 바깥 전자껍질의 전자 수를 닮기 위해서 1족이나 2족에 속하는 금속 원소의 원자가 전자를 잃어 양이온이 되고, 16족이나 17족에 속하는 비금속 원소의 원자가 전자를 얻어 음이온이 되는 경향이 큽니다.

그렇다면 공유 결합하는 원소들은 어떨까요? 금속 원소와 비금속 원소가 결합하는 이온 결합과 달리 공유 결합은 비금속 원소 사이의 화학 결합입니다. 주기율표에서 같은 족에 배열된 비금속 원소 원자끼리도 18족 원소의 원자가 가지는 가장 바깥 전자껍질의 전자 수를 닮기 위해서 전자쌍을 내놓아 공유 결합을 합니다.

프로젝트 하기

제작 활동 화학 결합 개념을 이용하여 광고 만들기

준비물 : 스케치용 도화지, 연필, 유성펜, 컬러 화보가 들어 있는 잡지, 색종이, 가위, 풀

1. '화학 결합', '결합'이라는 단어가 연상되는 상황이나 사회 현상을 조사한다.
2. 조사한 내용을 바탕으로 공익적 메시지가 담긴 광고나 캠페인을 구상한다.
3. 의도한 메시지가 잘 나타나도록 광고 내용을 스케치한다.
4. 잡지와 색종이 등을 이용하여 광고를 제작한다.
5. 제작한 광고를 가족이나 친구들에게 보여주고 의견을 나눈다.

광고 예시

5 결합이 다르면 물질의 성질도 달라질까?

❗ 금속 원소, 비금속 원소, 이온 결합, 공유 결합

하얀색 소금과 설탕을 곱게 빻은 뒤 맛을 보지 않고 구별할 수 있을까요? 만약 그럴 수 있다면 눈이 현미경만큼이나 정교하다는 뜻일 테고, 그런 눈으로 바라보는 세상 풍경은 다른 사람들이 보는 것과 달라 무척 생활하기 힘들 것입니다.

한편 설탕과 소금을 구별하지 못한 채 설탕이 필요한 음식에 소금을 넣거나, 소금이 필요한 음식에 설탕을 넣으면 어떨지 상상해 보세요. 설탕과 소금을 각각 곱게 빻은 가루는 둘 다 하얀색으로 비슷하게 보이지만, 다른 종류의 화학 결합으로 생성된 물질입니다.

화학 결합의 종류가 다르면 물질의 성질은 어떻게 달라질까요? 설탕과 염화 나트륨을 각각 물에 녹이면 둘 다 잘 녹고, 설탕 수용액과 염화 나트륨 수용액의 색은 둘 다 무색투명하여 눈으로 구별하기 어렵습니다. 그런데 만약 설탕 수용액과 염화 나트륨 수용액에 전류를 흘려주면 어떤 일이 일어날까요? 이번 장에서는 화학 결합의 종류에 따라 물질의 화학적 성질이 어떻게 달라지는지 살펴봅시다.

화학 결합과 물질의 성질

설탕과 염화 나트륨은 둘 다 고체 상태에서 전기 전도성이 없지만, 용융시켜 액체 상태로 만들면 달라집니다. 설탕은 여전히 전기 전도성이 없으나, 염화 나트륨은 전기 전도성이 생기지요. 염화 나트륨을 액체 상태로 만든 후 전기 전도도 측정기를 대면 측정기에 불이 들어오거나 소리가 나면서 전류가 흐르고 있음을 알려줍니다.

액체 염화 나트륨에 전류가 흐르는 까닭은 무엇일까요? 그것은 전기 전도도 측정기에서 전류가 흐를 수 있도록 돕는 물질이 액체 상태에 존재하기 때문입니다. 전류가 흐를 수 있도록 돕는 물질은 바로 이온입니다. 염화 나트륨이 설탕과 달리 수용액에서 전류가 흐를 수 있는 까닭은 바로 수용액 속에 녹아 있는 이온 때문입니다.

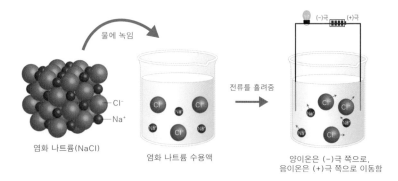

물에 녹임

Cl^-
Na^+

염화 나트륨(NaCl)

염화 나트륨 수용액

전류를 흘려줌

(−)극　(+)극

양이온은 (−)극 쪽으로,
음이온은 (+)극 쪽으로 이동함

염화 나트륨 수용액에서 전류가 흐르는 이유

고체 염화 나트륨은 액체나 수용액 상태에서 다음과 같이 이온화합니다.

$$NaCl \rightarrow Na^+ + Cl^-$$

염화 나트륨이 고체 상태일 때는 나트륨 이온(Na^+)과 염화 이온(Cl^-)이 강하게 결합하여 단단한 결정을 만들지만, 액체나 수용액 상태에서는 양이온과 음이온으로 이온이 분리되어 용융액이나 수용액 속에서 자유롭게 움직입니다. 이때 외부에서 전원 공급 장치를 연결하여 전류를 흘려주면 나트륨 이온은 (-)극 쪽으로, 염화 이온은 (+)극 쪽으로 이동하여 전류가 흐르지요.

고체 상태에서는 전류를 흘려도 흐르지 않습니다. 만약 고체 염화 나트륨 표면에 전기 전도도 측정기를 연결한 후 전원 공급 장치를 연결하여 전류를 흘렸더니 전류가 흐른다면, 그것은 아마도 수증기나 열에 의해 표면의 일부가 녹아서 이온이 자유롭게 움직일 수 있는 환경이 만들어졌기 때문일 것입니다.

그렇다면 염화 나트륨 이외의 다른 이온 결합 화합물도 액체나 수용액 상태에서 전류가 흐를까요? 탄산 칼슘($CaCO_3$)을 공기가 차단된 상태에서 가열했을 때 이산화 탄소(CO_2)와 함께 얻을 수 있는 산화 칼슘(CaO)도 이온 결합 화합물입니다. 산화 칼슘은 생석회라고도 부르며 산성비와 화학 비료 등으로 산성화된 논이나 밭을 중화하는 데 주로 이용합니다.

고체 산화 칼슘은 액체나 수용액 상태에서 다음과 같이 이온화합니다.

$$CaO \rightarrow Ca^{2+} + O^{2-}$$

산화 칼슘은 고체 상태일 때는 칼슘 이온(Ca^{2+})과 산화 이온(O^{2-})이 강하게 결합하여 단단한 결정을 만들지만, 액체나 수용액 상태에서는 양이온과 음이온으로 이온이 분리되어 용융액이나 수용액 속에서 자유롭게 움직입니다. 이때 외부에서 전원 공급 장치를 연결하여 전류를 흘려주면 칼슘 이온은 (-)극 쪽으로, 산화 이온은 (+)극 쪽으로 이동하여 전류가 흐릅니다. 그러나 고체 상태에서는 전원 공급 장치를 연결해도 전류가 흐르지 않습니다.

이와 같이 염화 나트륨이나 산화 칼슘 등의 이온 결합 화합물은 고체일 때에는 전기 전도성이 없지만, 액체나 수용액 상태일 때에는 전기 전도성이 있습니다. 여기에서 중요한 것은 이온 결합 화합물은 고체 상태에서 액체 상태나 수용액 상태로 변하면서 이온을 생성하는 것이 아니라, 이미 양이온과 음이온이 이온 결합하여 고체 상태를 만들고 그 고체 결정이 녹으면서 이온들이 분리된다는 사실입니다.

즉, 이온 결합 화합물의 고체는 양이온과 음이온이라는 입자가 이온 결합하고 있는 화합물이라는 것이지요.

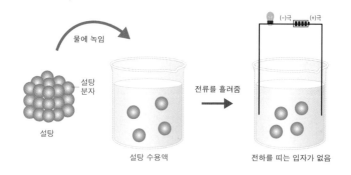

물에 녹임

설탕 분자

설탕

설탕 수용액

전류를 흘려줌

(-)극 (+)극

전하를 띠는 입자가 없음

설탕에 전류가 흐르지 못하는 이유

이온 결합 화합물은 분자가 아니다

염화 나트륨 같은 이온 결합 화합물은 나트륨 이온과 염화 이온이 결합하여 한 쌍으로 존재하는 것이 아니라, 양이온과 음이온이 삼차원적으로 서로를 둘러싸며 배열되어 있어서 분자라는 말을 쓸 수 없다. 이온 결합 화합물의 화학식은 이온의 결합 비율을 가장 간단한 정수 비로 나타낸다.

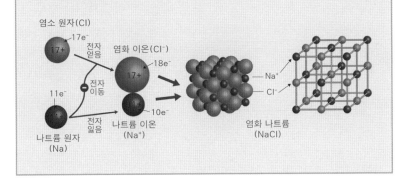

염화 나트륨이 액체나 수용액 상태에서 전류를 흐르게 하는 반면 설탕은 액체나 수용액 상태에서도 전류가 흐르지 못합니다. 그 까닭은 무엇일까요?

설탕($C_{12}H_{22}O_{11}$) 분자는 탄소와 수소, 그리고 산소로 구성되어 있습니다. 설탕을 구성하는 원자는 모두 비금속 원소지요. 비금속 원소인 탄소, 수소, 산소 원자들은 서로 공유 결합하여 설탕 분자를 형성하고 있습니다. 고체 염화 나트륨처럼 전기가 통할 수 있도록 돕는 이온 형태로 결합한 것이 아니라는 뜻입니다.

고체 염화 나트륨처럼 양이온과 음이온이 결합하고 있어야 액체나 수용액 상태에서 이온 결합이 끊어지면서 양이온과 음이온이 자유롭게 움직일 수 있는데, 설탕은 이온이 없으므로 전류가 흐르지 못하는 것입니다. 공유 결합 화합물인 설탕은 이온 결합 화합물인 염화 나트륨이나 산화 칼슘과 화학 결합의 종류가 다르기 때문에 전기적 성질도 다르다는 것을 이제 알겠지요?

화학 결합의 종류가 달라서 전기적 성질이 다르게 나타나지만 공유 결합과 이온 결합에는 공통점도 있습니다. 그것은 바로 화학 결합을 할 때 18족 원소를 닮는다는 것입니다. 18족 원소의 원자가 갖는 안정한 전자 배치를 닮기 위해서 전자를 잃거나 얻은 이온들이 결합하기도 하고, 전자를 공유하면서 결합하기도 합니다. 이렇게 전자들이 화학 결합을 통해 안정한 상태를 추구하는 모습을 우리 생활에서 어떤 현상과 비교할 수 있을지 생각해 봅시다.

일상생활 속의 이온 결합 화합물

자연계에는 다양한 이온 결합 화합물이 존재합니다. 그중에서 가장 친숙한 물질을 꼽으라면 대부분 염화 나트륨이 주성분인 소금을 말할 것입니다. 책을 읽고 있는 지금도 소금이 주변에 있을 테니 한번 찾아보세요.

적당량의 소금은 음식의 맛을 조절할 뿐 아니라, 우리 몸속 전해질의 농도를 맞추는 역할도 합니다. 바닷물에는 수많은 이온 결합 물질이 녹아 있습니다. 염화 나트륨과 염화 마그네슘을 주성분으로 많은 이온 결합 화합물이 물속에서 이온으로 존재하지요. 그런데 왜 바닷물에는 소금의 주성분인 염화 나트륨이 많이 녹아 있을까요?

잠깐 옛날이야기를 해볼까요. 어느 옛날 궁궐에 사람들이 말만 하면 그대로 물건이나 물질을 만들어내는 신기한 맷돌이 있었습니다. 그런데 이

맷돌 소문을 들은 도둑이 맷돌을 훔쳐서 배에 싣고 바다로 도망을 갔습니다. 도둑은 그 당시 화폐처럼 사용할 수 있었던 소금을 생각해 내고, 배위에서 소금을 만드는 주문을 외웁니다. 맷돌은 소금을 끝없이 만들어냈습니다. 욕심 많은 도둑은 기분이 좋아서 소금을 만들고 있는 맷돌을 바라만 보고 있는데, 소금 무게를 견디지 못한 배가 그만 바닷속으로 가라앉았습니다.

도둑은 소금에 눈이 멀어 소금 만들기를 멈추게 하는 주문을 잊어버렸다고 합니다. 도둑이 빠트린 바닷속 맷돌에서 지금도 소금이 나온다는 이야기가 전해지지요. 아직도 바닷물의 짠맛이 크게 변하지 않은 것을 보면, 당시 바다에 빠진 맷돌이 인공지능이 탑재된 스마트 맷돌이었는지도 모르겠습니다.

바닷물에 염화 나트륨이 많이 녹아 있는 진짜 까닭은 해저에 깔려 있는 암석으로부터 이온 결합 화합물이 물에 용해되기 때문입니다. 지구가 탄생한 이후 육지에 있던 암석이 침식과 동결 작용 등 풍화 작용으로 부서지면서, 암석에 포함된 여러 가지 물질이 바다로 녹아 들어갔습니다. 이렇게 바다로 유입된 물질 중 가장 큰 비중을 차지하는 것이 나트륨 이온(Na^+)입니다.

나트륨 이온은 암석을 구성하는 양이온 중 가장 많은 양을 차지하면서 염화 나트륨을 구성하는 주요 성분입니다. 나트륨 이온과 함께 소금을 구성하는 주요 성분인 염화 이온(Cl^-)은 지구 내부에서 배출된 화산 가스가 빗물 등 지표수에 녹아 바다로 공급될 때 만들어졌습니다. 바닷속에서 나트륨 이온과 염화 이온은 이온 상태로 물 분자와 함께 존재하기 때문에 바다 밑으로 가라앉지 않고 바닷물에 잘 섞여 있습니다.

이 외에 일상생활에 이용되는 이온 결합 화합물에는 염화 칼슘($CaCl_2$)

이 있습니다. 겨울철 눈이 내린 도로에 뿌리는 제설제의 주성분이지요. 도로에 눈이 쌓여 얼어붙으면 교통사고를 유발하거나 원활한 교통에 방해가 되는데, 제설제를 이용하면 눈이 잘 얼지 않습니다. 그러나 제설제의 주성분인 염화 칼슘의 칼슘 이온(Ca^{2+})은 자동차 금속을 쉽게 부식시키고, 염화 이온(Cl^-)은 식물의 뿌리로 흡수되었을 때 생장을 방해하는 등 환경 문제를 일으킵니다.

그래서 최근에는 친환경 물질을 주원료로 염화 칼슘을 대체할 수 있는 새로운 제설제를 개발하기 위해 연구하고 있습니다. 바나나 껍질이나 귤껍질 같은 과일 껍질이나 바다 생물을 활용한 친환경 제설제를 찾고 있지요.

물질세계와 소통하는 공유 결합 화합물

공유 결합을 통해 생성된 화합물은 자연계에서 흔히 볼 수 있습니다. 우리가 사는 지구의 공기는 주로 공유 결합 물질인 산소(O_2), 질소(N_2)로 구성되어 있습니다. 바다를 구성하는 주요 물질이자 우리 몸의 질량 대부분을 차지하는 공유 결합 화합물은 바로 물(H_2O)입니다. 우리 생명을 유지하는 데 중요한 단백질 역시 공유 결합을 통해 형성된 화합물입니다.

이렇게 수많은 공유 결합 화합물은 우리가 살고 있는 지구 환경 시스템의 중요 구성 물질이며, 생명을 유지하는 데 매우 큰 공헌을 합니다.

그렇다면 왜 자연계에는 물이나 공기를 구성하는 산소, 그리고 생명 활동에 필수적인 단백질 같은 공유 결합 화합물이 많을까요?

공유 결합 화합물을 구성하는 성분 원소들은 주기율표의 중앙에 있는 비금속 원소들입니다. 비금속 원소들은 공유 결합을 하기 위해 다른 비금속 원소를 필요로 합니다. 그 까닭은 앞에서도 언급했듯이 18족 원소의 원자가 갖는 가장 바깥 전자껍질의 전자 수를 닮기 위해서입니다. 2주기 18족 원소인 네온(Ne)이나 3주기 18족 원소인 아르곤(Ar) 원자의 가장 바깥 전자껍질의 전자 수인 8을 닮기 위해서 비금속 원소의 원자들은 서로 공유 결합을 합니다.

가장 바깥 전자껍질의 전자 수가 8이 되도록 하는 것을 옥텟(octet)이라고 하며, 이를 따르는 것을 '옥텟 규칙[11]'을 만족한다'라고도 합니다.

주기율표에서 염소(Cl)는 원자 번호가 17이므로 중성일 때 원자핵 주변에 17개의 전자가 배치됩니다. 첫 번째와 두 번째 전자껍질에는 전자가 각각 2개, 8개 모두 채워져 있지만, 세 번째 전자껍질에는 8에서 1이 부족한 7개만 들어 있습니다. 이때 2개의 염소 원자가 공유 결합하여 가장 바깥 전자껍질에 들어 있는 1개의 전자를 내놓아 공유하면 2개의 염소 원자의 원자핵은 각각 옥텟을 만족하는 8개의 전자를 가장 바깥 전자껍질에 가지면서 다음 그림처럼 안정한 염소 분자(Cl_2)를 형성합니다.

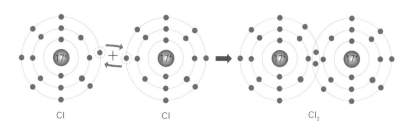

Cl   Cl Cl_2

염소 원자가 공유 결합해서 형성한 염소 분자

---

11 공유 결합을 통해 분자를 이룰 때, 분자를 구성하는 각각의 원자는 자신의 가장 바깥 전자껍질에 전자가 8개일 때 가장 안정된 상태가 된다. 이를 옥텟 규칙이라고 한다.

수소(H)도 마찬가지입니다. 첫 번째 전자껍질을 2개의 전자로 채우기 위해 공유 결합할 수 있는 다른 원자의 전자 1개를 찾아야 합니다. 수소는 다른 원자와 달리 첫 번째 전자껍질에 전자 2개만 공유하면 안정한 물질이 될 수 있는데, 이는 지구상의 생명체에게 매우 다행스러운 일이 아닐 수 없습니다. 덕분에 생명에 필수적인 물을 쉽게 만들 수 있기 때문이지요.

물은 수소 원자와 산소 원자가 공유 결합하여 만들어집니다. 수소 원자 2개가 각각 가지고 있는 전자는 산소 원자의 가장 바깥 전자껍질에 들어 있는 전자를 서로 공유 결합하면서 물이라는 유용한 물질이 지구에 탄생할 수 있도록 합니다.

물은 분자 사이의 수소 결합으로 열용량이 큰 물질이어서 지구 환경에 큰 영향을 줍니다. 열용량이란 어떤 물질 전체의 온도를 1℃ 올리는 데 필요한 열량을 말하지요. 지구에서 많은 질량을 차지하는 바닷물은 물 분자 사이의 결합인 수소 결합 때문에 온도를 올리는 데 열에너지가 많이 필요합니다. 그래서 바닷물의 온도가 쉽게 올라가지 않습니다. 열용량이 큰 바닷물은 낮에 태양으로부터 얻은 열에너지를 저장했다가 밤에 방출하여 지구의 온도를 일정하게 유지시키는 역할을 합니다.

지구뿐만 아니라 우리 몸도 대부분 물로 구성되어 있어서 외부의 온도 변화에도 쉽게 체온이 변하지 않지요.

물의 열용량이 크다는 사실을 이용한 일상생활의 사례로는 어떤 것이 있을까요? 가정에서 사용하는 보일러는 방바닥에 깔려 있는 파이프를 통해 뜨거운 물을 흘려보냄으로써 난방을 도와줍니다. 보일러에서 공급한 열이 파이프 속의 물에 저장되고, 열용량이 큰 물이 파이프 속에서 순환하는 동안 온도를 유지하기 때문에 그 열이 방 전체에 전달되면서 방이

수소 결합은 무엇일까?

주기율표의 오른쪽에 배열된 비금속 원소 중 플루오린(F), 산소(O), 질소(N) 원자가 분자 내에서 수소(H) 원자와 공유 결합할 때 공유 전자쌍을 잡아당겨 플루오린, 산소, 질소 원자의 원자핵이 상대적으로 약한 (−)전하를 띠고, 수소 원자는 상대적으로 약한 (+)전하를 띤다. 이때 플루오린, 산소, 질소 원자가 분자 내에서 수소 원자와 공유 결합한 분자 사이에 강한 결합이 생기는데 이를 수소 결합이라고 부른다.

결국 수소 결합이란 플루오린, 산소, 질소처럼 원자의 크기가 작지만 비금속 성질이 큰 원소들이 수소와 공유 결합하면서 분자 내에 약한 (−)전하와 약한 (+)전하가 생겼을 때 이들 분자 사이에 생기는 강한 인력을 말한다.

따끈따끈해지는 것입니다.

물 분자를 구성하는 산소 원자 1개는 수소 원자 2개와 각각 1개의 전자쌍을 공유 결합하는데 이와 같은 공유 결합을 단일 결합이라고 합니다. 이산화 탄소(CO_2)의 경우 중심 원자인 탄소 원자(C) 1개는 산소 원자(O) 2개와 각각 2개의 전자쌍을 공유 결합하는데 이와 같은 공유 결합을 '2중 결합'이라고 합니다.

탄소 원자는 가장 바깥 전자껍질에 4개의 전자를 가지고 있으므로 18족 원소인 네온의 가장 바깥 전자껍질의 전자 수인 8을 만족하기 위해서 2개의 산소 원자와 각각 2쌍의 전자를 공유 결합합니다. 탄소 원자와 산소 원자가 2중 결합으로 공유 결합하여 안정한 물질인 이산화 탄소를 만드는 과정은 탄소 원자와 산소 원자 모두 옥텟 규칙을 만족하는 것입니다.

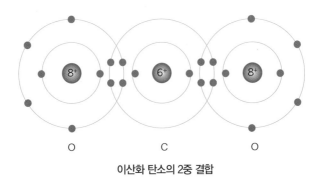

이산화 탄소의 2중 결합

공기 중에 가장 많은 양을 차지하는 성분인 질소 분자(N_2)는 질소 원자끼리 3개의 전자쌍을 공유 결합하는데 이러한 공유 결합을 3중 결합이라고 합니다. 질소 원자는 가장 바깥 전자껍질에 전자 5개를 가지고 있으므로 18족 원소인 네온의 가장 바깥 전자껍질의 전자 수인 8을 만족하기 위해서 질소 원자끼리 3쌍의 전자를 공유 결합합니다.

질소 원자끼리 3중 결합으로 공유 결합하여 안정한 물질인 질소 분자를 만드는 것 역시 질소 원자가 옥텟 규칙을 만족하는 행동입니다. 용접에 사용하는 에타인(C_2H_2)도 탄소 원자끼리 3개의 전자쌍을 공유 결합하는 3중 결합을 형성합니다.

이처럼 비금속 원소의 원자들이 공유 결합하여 만드는 다양한 공유 결합 화합물은 단일 결합, 2중 결합, 3중 결합과 같은 형태로 안정된 모습으로 물질세계와 소통하고 있습니다.

탄소와 산소는 2중 결합이나 3중 결합 형태를 이용하여 일산화 탄소(CO)와 이산화 탄소(CO_2)로 물질세계와 소통하고, 질소와 산소는 단일 결합이나 2중 결합 형태를 이용하여 이산화 질소(NO_2)와 사산화 이질소(N_2O_4) 및 오산화 이질소(N_2O_5) 등 다양한 질소 산화물로 물질세계에서

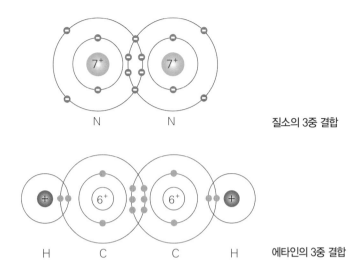

질소의 3중 결합

에타인의 3중 결합

살아가고 있지요.

만일 자연계에 공유 결합이라는 것이 없다면 어떻게 되었을까요? 사람 체중의 60% 이상을 차지하는 물은 물론 근육과 효소를 만드는 단백질, 에너지를 저장하는 탄수화물과 지방, 유전 정보를 저장하는 핵산은 모두 하나하나의 원자로 흩어져서 물질세계와 소통하지 못했을지도 모릅니다.

우리 몸은 약 10^{28}개 정도의 원자로 구성되어 있습니다. 이렇게 어마 어마한 수의 원자가 공유 결합하지 않고 각각 원자 상태로 존재한다면, 기체가 확산되듯이 매우 짧은 시간에 우리 몸 구석구석으로 퍼져나갈 것입니다.

우리 몸에 들어 있는 원자 수는 우주 전체에 존재하는 별의 개수의 약 100만 배 이상입니다. 10^{28}개 정도나 되는 원자들이 서로 전자를 공유하면서 우리 몸을 유지한다는 것은 상당히 신비로운 일이 아닌가요?

제작 활동 화학 결합 모형 만들기

산소, 물, 소금(염화 나트륨)이 없는 하루가 가능할까? 산소, 물, 소금의 화학
결합 모형을 만들어보자.

준비물 : 원자 모형 카드(여러 가지 색지에 복사), 주기율표,
가위, 풀, 사인펜 또는 색연필

원자 모형 카드

1. 산소, 물, 소금이 없는 일상생활을 그림(삽화, 카툰, 인포그래픽 등)으로
   표현해 보자.

산소가 없는 일상생활	물이 없는 일상생활	소금(염화 나트륨)이 없는 일상생활

2. 원자 모형 카드를 이용하여 나트륨, 염소, 산소, 수소 원자 모형 카드를 만
   든다. 이때 아래 각 원자의 전자 배치를 참고한다.

나트륨 원자	염소 원자	산소 원자	수소 원자
11+	17+	8+	+

3. 나트륨, 염소, 산소, 수소 원자 모형 카드를 이용하여 산소 분자, 물 분자, 소금(염화 나트륨)의 화학 결합 모형을 만든다.

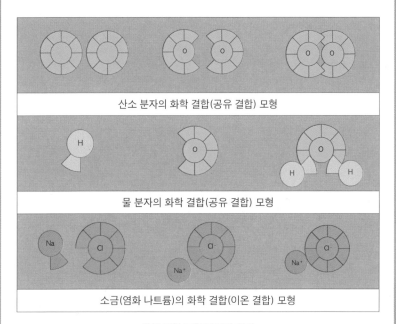

화학 결합 모형 만들기 예시

2장

자연은 어떤 물질로
이루어져 있을까?

지각을 이루는 광물, 생명체를 이루는 탄소 화합물

생명체를 구성하는 물질은 어떤 규칙성을 가질까?

인간은 자연이 준 재료를 어떻게 이용해 왔는가?

1 지각을 이루는 광물, 생명체를 이루는 탄소 화합물

⚠️ 지각, 암석, 광물, 규산염 광물, 생명체, 탄소 화합물

눈 결정을 닮은 다음 도형은 언뜻 보기에는 매우 복잡해 보입니다. 그렇지만 이 도형은 아주 간단한 규칙에 따라 삼각형을 반복적으로 그리면 쉽게 그릴 수 있습니다. 아래 그림과 같은 과정을 반복하면 복잡해 보이는 그림도 순차적으로 완성할 수 있지요.

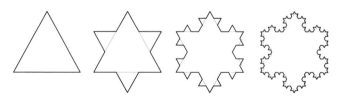

정삼각형의 변을 3등분하여 가운데 변을 기준으로 정삼각형을 그리고 기준으로 삼았던 변은 지운다.

자연도 이처럼 어떤 규칙에 따라 이루어지지 않았을까요? 이번 장에서

는 지구에서 가장 중요한 존재라고 할 수 있는 생명체와 생명체의 터전인 지각의 규칙성에 대해 알아보도록 하겠습니다.

지구에 존재하는 암석과 광물

지구는 지각, 맨틀, 외핵, 내핵으로 구성되어 있습니다. 지구가 생성 초기에 미행성체 충돌과 방사성 원소의 붕괴열 등으로 온도가 높아져 마그마의 바다 상태를 겪었다는 것은 앞에서도 다루었습니다.

이후 지구가 서서히 식어가는 과정에서 철(Fe), 니켈(Ni) 등 밀도가 큰 물질은 지구 중심으로 가라앉았고 이것이 지구의 핵을 형성했습니다. 그리고 나머지는 맨틀을 구성했고, 맨틀이 식어 가장 바깥에 지각이 만들어졌습니다. 따라서 지각을 이루는 물질의 밀도는 작을 것으로 예측할 수 있습니다.

최초의 지각은 마그마가 식어 만들어진 화성암이었습니다. 이후 지구에서는 복잡한 지질학적 과정을 거치며 다양한 암석이 등장했습니다. 이 모든 암석을 이루는 기본 단위는 광물(Mineral)[12]입니다. 암석은 어떤 광물이 어떤 비율로 섞여 있느냐에 따라 종류가 다릅니다. 화강암[13]에는 석영, 장석, 운모가 풍부하고 현무암에는 감람석, 휘석, 각섬석이 풍부한 것처럼 말입니다.

이처럼 지구에 존재하는 암석의 종류는 매우 다양하고 광물 또한 마찬

---

12 자연적으로 산출되는 무기물이며 규칙적인 결정 구조와 화학적 구성을 가지는 고체를 말한다.
13 화강암도 광물의 포함 비율에 따라 화강암, 흑운모 화강암, 화강 섬록암 등으로 나뉜다.

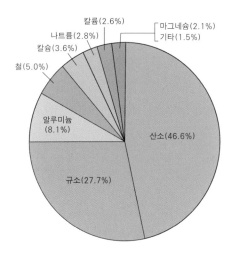

지각을 이루는 주요 원소들의 비율

가지지만 대부분의 암석은 몇 가지 광물로 이루어져 있습니다. 이런 광물을 암석을 만드는 광물이라는 의미로 조암 광물이라고 합니다.

조암 광물에는 규소와 산소가 결합한 규산염 광물(감람석, 휘석, 각섬석, 흑운모, 장석, 석영 등), 탄소와 산소가 결합한 탄산염 광물(방해석 등), 황과 산소가 결합한 황산염 광물(석고 등), 황이 결합한 황산염 광물(황철석 등), 산소와 결합한 산화 광물(자철석, 적철석 등), 원소 광물(금, 은, 구리 등) 등이 있습니다.

이렇게 다양한 광물들이 존재하지만 암석의 90% 이상은 규산염 광물로 이루어져 있습니다. 여러 가지 이유가 있지만, 지각을 이루는 원소의 비율을 보면 어느 정도 힌트를 얻을 수 있습니다. 지구 전체에는 산소와 철이 많은데, 지각에는 철보다는 규소나 알루미늄 같은 가벼운 원소들이 많고, 비율로는 규소, 산소가 절대적으로 많습니다. 따라서 규소와 산소가 결합한 규산염 광물이 지각에서 가장 높은 비율을 차지하지요.

어떤 광물이 보석이 될까?

보석이 되기 위해서는 우선 아름다워야 하고, 희소성이 있어서 아무나 가질 수 없어야 하며, 충격이나 긁힘에 강해야 한다. 또한 여러 사람들로부터 오랜 시간 동안 가치를 인정받아야 하는 조건을 갖추어야 한다.

보석의 색은 미량의 불순물이 결정한다. 수정은 무색이지만 불순물이 들어가 보라색을 띠면 자수정이 된다.

흔히 탄생석은 사람이 태어난 달과 관련지어 몸에 지니고 다니면 행운이 따른다고 여기는 보석 광물을 말한다. 탄생석은 오랫동안 초자연적인 힘이 있다고 여겨져 왔지만 과학적으로는 특별한 의미가 없다. 게다가 나라나 문화권에 따라서 탄생석을 다르게 정의하며, 요일이나 황도 12궁에 따라 탄생석을 정하기도 한다.

적지만 요긴하다, 희토류 광물

희토류 원소(稀土類元素, rare earth elements)의 뜻을 글자 그대로 옮기면 지구에 드문 원소라는 의미입니다. 엄밀하게는 스칸듐(Sc)과 이트륨(Y), 그리고 원소 번호 57~71의 란타넘(La)족 15개 원소를 포함하는 17종의 원소[14]를 말합니다(51쪽 〈표준 주기율표〉 참조). 이들 원소는 화학적 성질이 유사하고 특정 광물 속에서 대부분 함께 산출된다는 특징이 있습니다.

그런데 사실 희토류는 이름과 달리 지각에 제법 풍부하게 분포합니다.

---

14 17종 외에 란타넘족 아래에 있는 악티늄(Ac)족 원소를 포함하기도 한다.

심지어 세륨(Ce)은 구리와 양이 비슷할 정도지요. 그러나 농축된 광물 형태가 아니어서 채굴에 상당한 비용이 들어가 경제성은 떨어집니다. 그래서 광물 형태로는 희귀한 원소이므로 희토류라는 이름이 붙었다고 보면 됩니다.

희토류를 고농도로 포함한 광물을 처음으로 발견한 시기는 가돌리늄(Gd)을 상당량 포함한 가돌리나이트가 스웨덴의 위테르뷔(Ytterby) 지방에서 발견되면서부터입니다.

1950년대 이전 희토류의 주요 생산국은 인도와 브라질이었습니다. 그러다 1950년대 남아프리카공화국이 새로운 희토류 생산국으로 떠올랐으며, 1960년대 중반부터는 미국 캘리포니아의 마운틴패스 광산이 주요 산지가 되었습니다. 그러나 2000년대 들어서는 대부분의 희토류가 중국에서 생산되며, 세계 희토류의 90% 이상을 중국이 공급하고 있습니다.

희토류는 독특한 화학적·전기적·자성적·발광적 특징을 가지고 있는 데다 탁월한 방사선 차폐 효과가 있습니다. 그래서 이렇게 관심을 받고 있는 원소가 되었지요. 광섬유 제작에 사용하는 가돌리늄이나 어븀(Er)은 미량만 첨가해도 빛의 손실이 일반 광섬유의 1%까지 낮아진다니 대단하지요. 터븀(Tb) 합금은 열을 가하면 자성을 잃고 냉각시키면 자성을 회복합니다. 이런 특성을 이용해 정보를 입력·기록할 수 있는 음악용 디스크나 광자기 디스크를 만드는 데 이용합니다.

이 밖에도 휴대전화, 하이브리드 자동차, 고화질 TV, 태양광 발전, 항공우주산업 등 첨단 산업에서는 희토류가 쓰이지 않는 곳을 찾기가 어려울 정도입니다. 한때 중국과 일본이 외교 갈등을 겪을 때, 중국이 희토류 판매를 중단하겠다고 협박을 하자 일본이 무릎을 꿇었던 적이 있었지요.

그러나 다른 광물이 그렇듯이 희토류를 채굴·정제·재활용하는 과정에

우리 주변에서 흔한 희토류 물질, 네오디뮴

1885년 발견된 네오디뮴(Nd)은 은색의 무른 금속이지만, 공기 중에서 산화하여 표면 광택이 사라진다. 자연에서는 순수한 형태로는 발견되지 않고 다른 희토류와 같이 란타넘족 원소들과 뒤섞인 채로 발견된다. 지각 속에 코발트, 니켈, 구리와 비슷한 정도로 상당한 양이 분포된 것으로 알려져 있으며 대부분이 중국에서 생산된다.

네오디뮴 화합물은 1927년에 유리 염색에 사용하기 시작하여 현재까지도 유리 첨가제로 사용하고 있다. 네오디뮴 화합물은 자주색을 띠지만 형광등이나 백열등처럼 비추는 빛의 종류가 달라지면 푸른색이나 핑크색으로 변한다. 네오디뮴이 첨가된 일부 유리는 1047~1064nm 사이의 파장을 갖는 적외선 레이저를 만드는 데 사용하기도 한다.

또한 네오디뮴은 다른 금속과의 합금 형태로 강력한 자성을 나타내는 네오디뮴 자석을 만드는 데 사용하기도 한다. 대형 네오디뮴 자석은 강력한 힘이 필요한 전동기나 발전기 등에 쓰인다.

소형 네오디뮴 자석은 마이크, 이어폰, 컴퓨터 하드디스크, 차량용 휴대전화 거치대 등 작은 공간에서 강한 자기장이 필요한 경우에 쓰이며, 체스형 자석 홀더나 보드용 자석 등에서도 쉽게 볼 수 있다.

서는 심각한 환경오염이 발생할 수도 있습니다. 특히 희토류가 포함된 광물에는 방사성 물질인 토륨이나 우라늄이 포함되어 있어 채굴 과정에서 문제가 되기도 합니다. 정제하는 과정에 독성 산성 물질이 사용되는 것 또한 문제입니다. 이에 중국은 2010년 자연과 자원을 보호하기 위해 불법 광산을 집중 단속하겠다고 발표하기도 했습니다.

지각을 구성하는 규산염 광물의 규칙성

주기율표에서 14족에 속하는 규소(Si)는 결합할 수 있는 4개의 전자를 가지고 있습니다. 지각에 흔한 물질인 규소와 산소가 결합하게 된다면 전하량 +4인 규소 1개가 전하량 −2인 산소 4개와 결합하여 전체 화합물의 전하는 −4가 됩니다.

$$Si^{4+} + 4O^{2-} \rightarrow SiO_4^{4-}$$

SiO_4^{4-}은 다음 그림과 같이 다양한 방법으로 결합합니다.

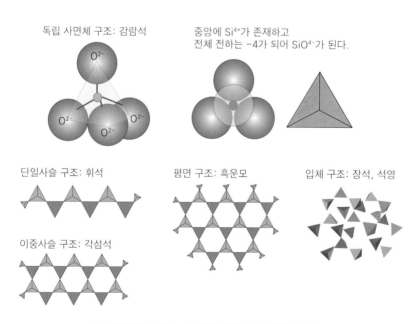

독립 사면체 구조: 감람석

중앙에 Si^{4+}가 존재하고 전체 전하는 −4가 되어 SiO^{4-}가 된다.

단일사슬 구조: 휘석

이중사슬 구조: 각섬석

평면 구조: 흑운모

입체 구조: 장석, 석영

규산염 광물을 이루는 사면체의 다양한 결합 방식과 광물

감람석의 구조를 보면 중앙에 상대적으로 크기가 작은 Si^{4+}이 있고, 바깥에 이보다 큰 O^{2-}이 있는 것을 확인할 수 있습니다. 눈치 빠른 학생이라면 주기율표의 2번째 줄(2주기, 전자껍질이 2겹)에 위치한 산소가 3번째 줄(3주기, 전자껍질이 3겹)에 속한 규소보다 왜 크기가 큰지 의아해하고 있을지도 모르겠네요.

2주기와 3주기 원소의 크기를 비교하는 것은 단순하게 전자껍질의 개수(주기)만으로만은 비교할 수 없는, 상당히 복잡한 내용입니다. 원소의 크기를 결정하는 것은 전자껍질의 개수 외에도 핵에 있는 양성자 수, 잃고 얻은 전자의 수 등 여러 가지가 요소가 있기 때문이죠. 이러한 사항을 고려하여 측정한 이온의 상대적인 크기는 아래 그림과 같습니다.

그런데 앞에서 보석 광물은 미량의 불순물이 색을 결정한다고 했습니다. 이는 어떻게 가능할까요? 감람석은 독립사면체 구조, 휘석은 단일사

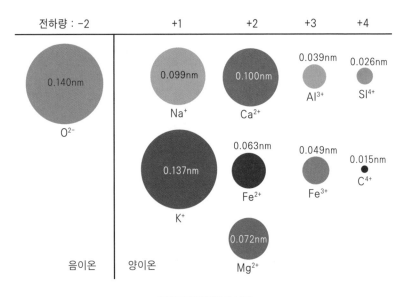

음이온과 양이온의 지름

슬 구조이지만 각각의 구조 사이에 아래 그림과 같이 철이나 마그네슘 같은 2가 양이온들이 위치하여 결합을 이룹니다. 이러한 이온들이 들어가면서 감람석에 철과 마그네슘이 포함되듯이, 보석 광물의 결합 구조 사이사이에 이온들이 들어오면서 다양한 색을 갖게 되는 것입니다.

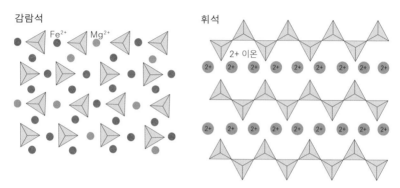

감람석과 휘석의 결합 구조 사이에 들어가는 이온들의 배치

생명체의 토대, 탄소 화합물

지각에는 산소와 규소가 많다고 했지요. 그렇다면 인간을 포함한 지구의 생명체에는 어떤 원소, 어떤 물질이 많을까요?

우리 몸도 역시 산소가 가장 많은 양을 차지하고 있습니다. 지각과 다른 점은 두 번째 원소지요. 지각에는 규소가 두 번째로 많지만, 우리 몸에서 두 번째로 많은 원소는 탄소입니다. 그 뒤를 이어 수소가 세 번째로 많습니다. 그렇다면 지각이 원소들의 화합물로 이루어졌듯이 우리 몸도 산소, 탄소, 수소의 화합물로 이루어져 있을 것이라고 예상할 수 있습니다.

지금까지 7000만 종이 넘는 화학물질이 알려져 있는데 이들 중 절대

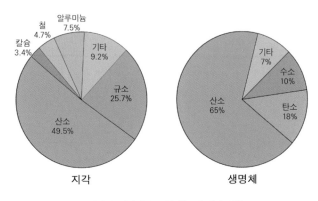

지각과 생명체를 구성하는 물질의 비율

다수가 탄소로 만들어졌습니다. 서열과 구조가 명확하게 확인된 단백질과 DNA의 수도 6000만 종이 넘는데 이들 역시 탄소 화합물입니다.

이처럼 다양한 탄소 화합물이 만들어질 수 있는 중요한 이유는 탄소가 수소, 질소, 산소, 황 등의 비금속 원소와 안정한 공유 결합을 이룰 수 있기 때문입니다. 또한 탄소가 규소와 마찬가지로 14족 원소여서 다른 원자와 결합할 수 있는 가장 바깥 전자껍질에 들어 있는 전자가 4개라는 사실도 중요합니다.

지금까지 생명과학 분야에서 연구한 결과, 지구 환경에서 생명체가 생명현상을 유지하기 위해 다음과 같은 조건을 만족해야 한다고 정의하고 있습니다.

첫째, 생체 구성물은 에너지를 함유하고 전환하는 작업이 쉬워야 한다.

둘째, 생체 구성물의 조립과 분해가 쉬워야 한다.

셋째, 생체 구성물은 구조적 다양성을 수용할 수 있어야 한다.

넷째, 생체 구성물은 지구상에 풍부하게 존재해야 한다.

이러한 특성은 앞서 다룬 규산염 광물과는 큰 차이가 있습니다. 규산염 광물은 구성물의 조립과 분해가 쉽지 않으며 다양성 면에서도 생명체보다는 부족하지요. 이러한 특성 때문에 생물은 광물과는 비교가 안 될 정도로 다양한 모습을 띠게 된 것입니다.

더불어 탄소 화합물이 가지는 유연성은 결합 구조의 느슨함에서도 설명할 수 있습니다. 파도가 끊임없이 드나드는 해변의 모래사장은 늘 비슷해 보입니다. 그런데 모래사장 속의 모래 하나하나가 과연 영원히 같은 자리에 있을까요? 몰아치는 파도에 수많은 모래가 바다로 쓸려 나가고 그 빈 자리는 다음 파도에 밀려온 모래들이 채워줍니다.

즉, 지금 모래사장을 구성하는 모래는 몇 주, 몇 달, 혹은 몇 년이 지나면 전혀 남지 않고, 새로운 모래로 바뀔 것입니다. 이러한 일들이 우리 생명체 내에서도 일어나고 있습니다.

우리 몸을 이루는 단백질의 구성 원소인 탄소는 영원히 신체 내에서 머무는 것이 아니라 지속적으로 다른 탄소와 자리를 바꿉니다. 탄소뿐만 아니라 생명체를 이루는 거의 모든 원소들은 생명체의 생명 활동을 통해 흡수하는 물질들과 배출하는 물질들로 지속적으로 물질 교환을 하고 있습니다.

1930년대 생물학자인 루돌프 쇤하이머(Rudolf Schoenheimer)는 이와 관련한 실험을 실시했습니다. 그는 수소, 탄소, 질소의 동위 원소를 이용하여 생명체 내의 이러한 물질 교환을 연구하였습니다. 수소, 탄소, 질소는 단백질을 구성하는 기본 물질이지요. 그는 질소 동위 원소[15]가 포함된 사료를 먹인 쥐를 이용하여 실험을 하였는데 놀라운 결과가 나옵니다.

---

15 그가 실험에 사용한 것은 일반적인 질량수 14의 질소가 아닌 질량수 15인 중질소였다.

투입한 질소 동위 원소 중 27.4%가 소변으로 배출되었고 변으로 배출된 것은 2.2%에 불과했습니다. 그렇다면 나머지 질소 동위 원소는 어디로 갔을까요? 투입한 양의 절반이 넘는 56.5%의 동위 원소가 쥐의 몸을 이루는 내장, 신장, 비장, 간 등의 장기와 혈청에서 발견되었습니다. 질소 동위 원소를 함유한 먹이에 포함된 아미노산이 체내에 들어가 단백질로 흡수되면서 원래 쥐의 몸을 이루던 단백질의 아미노산과 자리를 바꾼 것입니다.

이렇게 겨우 사흘 만에 아미노산의 50% 정도가 완전히 바뀌었습니다. 이는 생명체에서 나타나는 동적인 평형 상태를 보여주는 좋은 예라고 할 수 있습니다.

지금까지 우리는 지각을 이루는 규산염 광물과 생명체를 이루는 탄소 화합물에 대해 알아보았습니다. 규소와 탄소가 지각이나 생명체를 이루는 기본 단위가 되는 이유는 여러 가지 방법으로 설명할 수 있겠지만, 모두 화학적으로 14족 원소로서 가장 바깥 전자껍질에 들어 있는 전자 수가 4라는 사실로 설명할 수 있을 것입니다.

이렇듯 자연의 신비로움을 과학적으로 풀어나가는 과정도 재미있지 않나요?

조사 활동 보석 광물의 구조 조사하기

광물 중에서 희소성이 크고 아름다운 것들을 보석이라고 부른다. 다음 예시와 같은 방법으로 집 안의 보석 사진을 찍고 검색 엔진을 이용하여 광물의 화학식과 결합 구조에 대해 알아보자.

1. 보석의 이름을 검색 엔진에서 찾아 광물의 정확한 한글 명칭과 영문 명칭을 알아본다.

예 : 에메랄드 → 녹주석 → beryl

2. 광물의 영문 명칭에 'structure(구조)'를 추가해서 검색한다.

예 : beryl structure

3. 이미지 검색을 통해 구조를 찾아본다.

2 생명체를 구성하는 물질은 어떤 규칙성을 가질까?

❗ 물질의 구조적 규칙성, 핵산, 단백질

아이돌 그룹 방탄소년단의 노래 중에 〈DNA〉라는 곡이 있습니다. 가사 중 "내 혈관 속 DNA가 말해 줘", "운명을 찾아낸 둘이니까 DNA", "태초의 DNA가 널 원하는데"라는 대목이 있지요. 우연히 라디오에서 흘러나오는 방탄소년단의 노래를 들으면서 '이 노래를 즐겨듣는 10대들은 DNA에 대해 잘 알까?'라는 의문이 들었습니다.

DNA는 단백질과 함께 모든 생명체를 구성하는 물질 중 하나입니다. DNA와 단백질은 서로 다른 물질이지만 구조적으로 공통적인 특징을 가지고 있습니다. 모두 탄소 화합물이며, 같거나 비슷한 단위체[16]가 결합한 형태로 이루어져 있다는 것입니다. DNA와 단백질은 단위체의 다양한 조

---

16 단위체란 크고 복잡한 물질을 만들 때 반복해서 이용되는 기본 재료를 뜻한다. 생명체를 구성하는 주요 고분자 물질은 탄소, 수소, 산소 등의 원자로 구성된 단위체가 반복적으로 결합된 형태다. 단위체의 종류, 개수, 결합 방식에 따라 다양한 물질이 만들어질 수 있다.

합으로 형성된 고분자 물질입니다. 특히 DNA 같은 물질을 핵산이라고도
합니다. 핵산과 단백질은 어떤 단위체로 이루어져 있으며, 단위체들은 어
떻게 핵산과 단백질을 구성할까요?

핵산은 어떤 단위체들이 결합한 물질일까?

핵산은 스위스의 생물학자인 프리드리히 미셔(Friedrich Miescher)가
1869년에 환자의 고름에서 핵 성분을 분리, 추출하여 분석한 결과 발견
해 낸 물질입니다. 핵산의 단위체는 인산, 당, 염기가 1 : 1 : 1의 비율로 결
합된 뉴클레오타이드이며, 뉴클레오타이드를 구성하는 염기에는 아데닌
(A), 구아닌(G), 사이토신(C), 타이민(T), 유라실(U)이 있습니다. 하나의 뉴
클레오타이드가 다른 뉴클레오타이드와 결합하여 긴 가닥을 형성하는
데, 이를 폴리뉴클레오타이드라고 합니다.

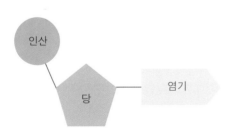

뉴클레오타이드의 구조
뉴클레오타이드는 인산, 당, 염기로 이루어져 있다.

DNA는 두 가닥의 폴리뉴클레오타이드가 꼬여 있는 사다리 형태의 이
중 나선 구조를 이루고 있습니다. DNA를 이루는 뉴클레오타이드의 염기

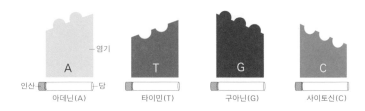

DNA를 구성하는 4종류의 뉴클레오타이드

는 아데닌(A), 구아닌(G), 사이토신(C), 타이민(T)이며, DNA를 구성하는 뉴클레오타이드가 어떤 염기를 가지고 있느냐에 따라 4종류로 나뉩니다.

〈DNA〉라는 노래에서 방탄소년단은 첫눈에 반한 사람에게 너와 나의 만남은 운명이라고 강조하기 위해 혈관 속 DNA가 그 사실을 말해 준다고 했지요? DNA가 생물이 가진 생명의 설계도인 유전 정보를 저장하고 있다는 데서 착안한 가사입니다. DNA가 가진 유전 정보는 4종류의 뉴클레오타이드가 어떤 순서로 배열되어 있느냐에 따라 결정됩니다.

그렇다면 DNA를 이루는 뉴클레오타이드는 어떤 규칙성을 가지고 결합되어 있을까요? 하나의 뉴클레오타이드에 포함된 당과 다른 뉴클레오타이드에 포함된 인산이 공유 결합으로 연결되면 당-인산-당-인산이 반복되는 기본 골격을 가진 폴리뉴클레오타이드가 형성됩니다.

DNA는 2개의 폴리뉴클레오타이드로 구성되는데, 각 폴리뉴클레오타이

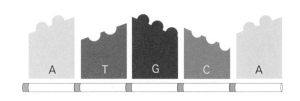

DNA를 구성하는 폴리뉴클레오타이드

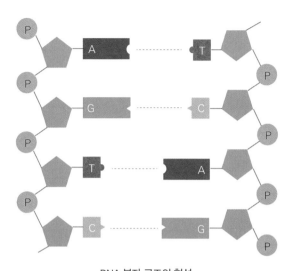

DNA 분자 구조의 형성

DNA는 2개의 폴리뉴클레오타이드가 결합된 구조이다.

드를 구성하는 염기는 서로 마주보며 수소 결합으로 연결되어 있습니다.

이때 아데닌(A)은 항상 타이민(T)과 상보적으로 결합하고, 구아닌(G)은 항상 사이토신(C)과 상보적으로 결합합니다. 따라서 한쪽 폴리뉴클레오타이드를 구성하는 염기 순서를 알면 다른 쪽 폴리뉴클레오타이드를 구성하는 염기 순서를 알 수 있지요.

DNA를 이루는 단위체인 뉴클레오타이드의 조합으로 형성된 또 다른 물질이 있습니다. 바로 RNA입니다. RNA도 핵산이므로 DNA와 마찬가지로 뉴클레오타이드가 반복적으로 결합한 화합물입니다. DNA는 두 가닥의 폴리뉴클레오타이드로 이루어져 있지만 RNA는 한 가닥의 폴리뉴클레오타이드로 이루어진 단일 가닥 구조라는 차이점이 있습니다.

DNA를 구성하는 당은 디옥시리보스(deoxyribose)이지만 RNA를 구성하는 당은 리보스(ribose)입니다. DNA와 RNA에서 'NA'는 모두 핵산

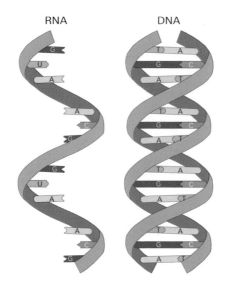

DNA와 RNA의 구조 비교
DNA는 이중 나선 구조이고,
RNA는 단일 가닥 구조이다.

(nucleic acid)의 약자이고, DNA의 'D'와 RNA의 'R'은 각각 디옥시리보스
와 리보스의 머리글자에서 따온 것입니다.

RNA와 DNA는 당의 종류만이 아니라 뉴클레오타이드를 구성하는 염
기의 종류도 일부 다릅니다. RNA를 구성하는 염기 중 아데닌(A), 구아
닌(G), 사이토신(C)은 DNA를 구성하는 염기와 종류가 같지만, RNA에는
DNA에 있는 타이민(T) 대신 유라실(U)이 있습니다.

DNA와 RNA가 구조적으로 차이가 있는 것처럼 역할도 다릅니다. DNA는
유전 정보를 저장하는 역할을 하지만, RNA는 유전 정보를 전달하고 단백
질을 합성하는 과정에 관여합니다. 그렇다면 DNA는 어떻게 유전 정보를
저장하는 것일까요?

DNA를 구성하는 뉴클레오타이드는 염기의 종류에 따라 4가지가 있으
며, 4가지의 뉴클레오타이드가 배열된 순서가 바로 유전 정보입니다. 즉,
DNA의 단위체인 뉴클레오타이드 4종류가 다양한 순서로 결합하여 염기

DNA 이중 나선 구조를 발견하다

DNA 분자가 이중 나선 구조로 이루어져 있음을 밝힌 과학자는 제임스 왓슨과 프랜시스 크릭이다. 이들이 DNA 분자 구조를 밝힐 수 있었던 것은 많은 과학자들의 노력이 뒷받침된 덕분이다.

미국의 과학자인 알프레드 허시(Alfred Hershey)와 마사 체이스(Martha Chase)는 바이러스의 한 종류인 박테리오파지를 이용한 실험을 통해 DNA가 유전 물질임을 실험적으로 증명하였다. 미국의 과학자인 어윈 샤가프(Erwin Chargaff)는 여러 생물에서 얻은 DNA를 분석했으며, 그 결과 4종류의 염기 수가 생물의 종류에 따라 각각 다르더라도 아데닌(A)과 타이민(T)의 수, 구아닌(G)과 사이토신(C)의 수는 항상 같다는 사실을 발견했다.

영국의 모리스 윌킨스(Maurice Wilkins)와 로절린드 프랭클린(Rosalind Franklin)은 DNA 분자에 X선을 쬐어 DNA의 X선 회절 사진을 얻었는데, 왓슨과 크릭은 이 사진을 보고 DNA 분자가 이중 나선 구조라는 결정적인 힌트를 얻게 되었다.

이후 왓슨과 크릭은 여러 과학자들의 연구 결과에 기초하여 DNA 분자 구조 모형을 제작하였다. 이 모형에 따르면 DNA 이중 나선의 바깥쪽에는 당-인산 골격이 있고, 안쪽에서는 아데닌(A)이 타이민(T)과, 구아닌(G)이 사이토신(C)과 마주보고 짝을 이루어 결합하고 있다. 이것으로 아데닌(A)과 타이민(T)의 수, 구아닌(G)과 사이토신(C)의 수가 항상 같다는 샤가프의 발견을 설명할 수 있게 되었다.

왓슨과 크릭은 1953년 4월 25일 자《네이처》지에 자신들이 만든 DNA 이중 나선 구조 모형에 대한 내용을 발표했으며, 이 업적으로 1962년 왓슨, 크릭, 윌킨스는 노벨 생리의학상을 공동 수상하였다.

의 종류와 순서(염기 서열)가 다양한 DNA가 만들어지며, 생물마다 DNA의 염기 서열이 달라 서로 다른 유전 정보를 저장하게 되므로 생물 고유의 특성이 나타나는 것입니다.

방탄소년단의 〈DNA〉에서 태초의 DNA가 널 원한다는 것은 사랑하는 사람에 대한 정보가 저장되어 있다는 시적 표현이었겠지요?

단백질은 어떤 단위체로 이루어졌을까?

도시화와 기후 변화 등으로 인해 미래에는 농작물 생산량이 감소할 전망이라고 합니다. 그래서 2003년부터 식용 곤충에 대한 전문가 회의 및 연구가 이루어졌고, 2013년 유엔식량농업기구(FAO)는 곤충을 유망한 미래 식량으로 선정했습니다. 많은 사람들이 징그럽다고 여기는 곤충이 미래 식량으로 선정된 까닭은 무엇일까요? 무엇보다 곤충은 좁은 공간에서 사육하기 쉽고 단백질이 풍부하기 때문입니다.

단백질은 영어로 프로틴(protein)이라고 하는데, 그리스어 'proreios'에서 유래된 단어입니다. '첫 번째로 중요하다(primary)'라는 뜻이지요. 프로틴이라는 말의 유래만 봐도 알 수 있듯이 단백질은 사람을 비롯한 모든 생명체 내에서 생명 현상을 조절하는 필수 성분이며 생명체를 구성하는 주요 물질입니다. 생명체 내에서 화학 반응이 빠르게 일어나도록 도와주는 효소, 생명 활동을 조절하는 호르몬, 병원체를 물리치는 항체도 모두 단백질로 이루어져 있습니다.

단백질은 성장기의 청소년뿐만 아니라 노화가 진행되고 있는 성인에게도 꼭 필요한 물질이고, 머리카락과 손톱, 근육 등도 모두 단백질로 이루

잠깐! 더 배워봅시다

빛이 나는 단백질이 있다?

단백질 중에는 헤모글로빈처럼 색깔을 띠는 단백질도 있지만 대부분은 색깔을 띠지 않는다. 만약 우리 몸을 구성하는 단백질 중 형광을 띤 단백질이 있다면 우리 눈에는 어떻게 보일까?

실제로 자외선이나 청색 빛이 닿으면 녹색 형광빛으로 밝게 빛나는 단백질이 있다. 이 단백질을 녹색형광단백질(GFP, Green Fluorescent Protein)이라고 부른다. 1962년 일본의 해양생물학자인 시모무라 오사무가 발광평면해파리의 형광 물질을 연구하는 도중 처음 발견했다.

현재 녹색형광단백질은 생명과학 연구와 의약품 개발에 다양하게 활용되고 있다. 녹색형광단백질을 특정 단백질 분자에 꼬리표처럼 붙이면 녹색 형광빛을 띠므로, 이 빛을 따라 특정 단백질의 움직임과 위치를 쉽게 확인할 수 있기 때문이다.

어져 있습니다. 우리 몸의 머리카락은 케라틴 단백질로, 피부는 콜라겐 단백질로, 근육은 마이오신과 액틴 단백질로 이루어져 있으며, 적혈구에 들어 있는 산소 운반을 담당하는 단백질은 헤모글로빈입니다. 인간의 몸뿐 아니라 공작의 깃털, 양의 뿔, 거미줄 등과 같이 여러 생물의 몸을 구성하기도 합니다.

근육, 효소, 호르몬을 구성하는 단백질은 서로 다르다고 했지요. 그렇다면 우리 몸을 구성하는 단백질은 몇 종류일까요? 우리 몸 전체의 단백질 종류는 무려 10만 개에 이른다고 합니다. 이렇게 종류가 많지만 모든 단백질은 공통적으로 아미노산이라고 하는 단위체로 이루어져 있으며, 아미

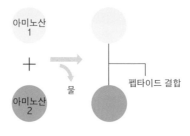

펩타이드 결합

노산의 종류는 20가지입니다. 이들 아미노산이 다양하게 배열되어 결합함으로써 많은 종류의 단백질이 만들어지는 것이지요.

아미노산은 어떻게 결합하여 다양한 단백질을 형성하는 것일까요? 2개의 아미노산 사이에서 1분자의 물이 빠져나가면서 2개의 아미노산이 결합되는데, 이와 같은 2개의 아미노산 결합을 펩타이드 결합이라고 합니다.

펩타이드 결합으로 많은 수의 아미노산이 길게 연결된 폴리펩타이드가 형성되며, 폴리펩타이드의 사슬은 규칙적으로 접히거나 일정한 방향으로 회전하여 병풍 또는 나선 모양의 구조를 만들고, 이것이 더욱 휘거나 비틀려서 3차원 입체 구조를 만들어 단백질이 됩니다.

어떤 종류의 아미노산이 어떤 순서로 배열되어 폴리펩타이드가 만들어

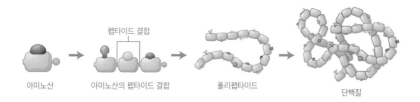

아미노산   펩타이드 결합   아미노산의 펩타이드 결합   폴리펩타이드   단백질

단백질의 형성

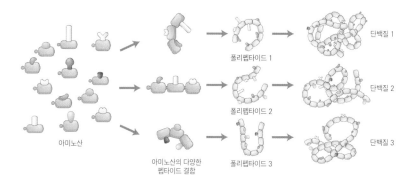

아미노산의 종류와 연결 순서에 따라 다르게 만들어지는 단백질

지느냐에 따라 단백질의 종류가 달라집니다. 20가지 아미노산 중 2개의 아미노산으로는 20^2종류를, 10개의 아미노산으로는 20^{10}종류를, 100개의 아미노산으로는 20^{100}종류를 만들 수 있습니다. 따라서 20종류의 아미노산을 단위체로 이용하면, 생명체를 구성하는 수많은 단백질을 충분히 만들 수 있는 것입니다.

단백질의 종류에 따라 아미노산의 종류와 순서, 즉 아미노산 서열이 다르며, 이는 특정 단백질이 고유의 입체 구조와 기능을 가지게 합니다. 단백질의 구조와 기능은 아미노산의 종류와 수에 따른 다양한 조합의 배열에 의해 결정됩니다.

모든 단백질이 하나의 폴리펩타이드로 이루어진 것은 아닙니다. 여러 개의 입체 구조를 갖는 폴리펩타이드가 모여 고유의 구조와 기능을 나타내는 하나의 단백질을 만드는 경우도 있지요. 가장 대표적인 예가 적혈구 속에서 산소 운반을 담당하는 헤모글로빈입니다. 헤모글로빈은 4개의 폴리펩타이드가 모여 형성된 단백질입니다.

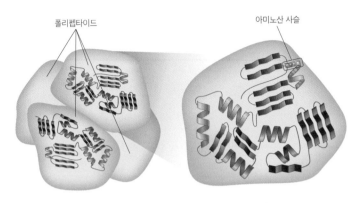

폴리펩타이드

아미노산 사슬

폴리펩타이드의 입체 구조가 여러 개 모인 단백질

탄수화물을 구성하는 단위체는 무엇일까?

핵산, 단백질과 같은 단위체의 조합으로 만들어진 물질로는 또 어떤 것이 있을까요? 오늘 아침, 점심, 저녁에 식사로 무엇을 먹었는지 떠올려봅시다. 우리가 먹는 밥, 빵, 피자, 칼국수, 과자 등의 주성분은 탄수화물의 한 종류인 녹말입니다.

녹말을 구성하는 단위체는 포도당이며, 녹말은 수백에서 수천 개의 포도당이 공유 결합으로 연결되어 형성된 긴 사슬 형태입니다. 포도당이 녹말을 만드는 결합 방식과 다르게 연결되면 글리코젠, 셀룰로스 등과 같은 탄수화물이 만들어집니다.

녹말, 글리코젠, 셀룰로스는 모두 단위체가 포도당이지만 결합 방식이 다르기 때문에 저마다 구조와 특성이 다릅니다. 녹말은 식물의 뿌리, 열매, 줄기, 잎 등에, 글리코젠은 동물의 간이나 근육 등에 있으며, 녹말과 글리코젠은 에너지를 저장하는 역할을 합니다. 그리고 셀룰로스는 식물 세포의 세포벽을 구성하는 물질로, 식물 세포를 구조적으로 지지하는 역할을 하지요.

뉴클레오타이드, 아미노산처럼 탄소, 수소, 산소 등의 원자가 화학 결합을 하여 이루어진 단위체가 각기 다른 순서로 결합하여 수많은 종류의 핵산, 단백질 등을 만들어냅니다.

이와 같이 사람을 비롯한 생명체를 구성하는 고분자 물질은 각각의 단위체가 규칙적으로 반복되어서 만들어진 것입니다. 그리고 단위체가 어떤 종류와 순서로 반복되느냐에 따라 많은 종류의 고분자 물질이 만들어지므로 다양한 생명 현상이 일어날 수 있습니다.

제작 활동 DNA 분자 모형 만들기

1. DNA 분자의 구조적 특징과 규칙성을 조사해 보자.

2. 조사한 DNA 분자의 특성을 토대로 주변에서 쉽게 구할 수 있는 재료를 활용하여 DNA 분자 모형을 만들어보자.

3. 완성된 DNA 모형을 통해 알 수 있는 DNA 분자 구조의 특성을 친구들에게 설명해 보자.

[예시]

준비물 : 긴 막대 모양의 젤리, 마시멜로, 빨대, 이쑤시개, 스카치테이프

제작방법 : 1) 빨대 3개를 스카치테이프로 이어 중심 기둥을 만든다.

2) 4가지 색깔의 마시멜로를 이용하여 구아닌(G)과 사이토신(C), 아데닌(A)과 타이민(T)이 결합한 염기쌍을 만든다. 이때 염기쌍의 결합은 이쑤시개를 이용한다.

3) 과정 1)에서 만든 중심 기둥에 과정 2)에서 만든 염기쌍을 스카치테이프로 고정시킨다.

4) 과정 3)의 마시멜로 염기쌍 바깥쪽에 이쑤시개를 꽂고, 긴 막대 모양의 젤리를 이쑤시개를 따라 연결한다.

3 인간은 자연이 준 재료를 어떻게 이용해 왔는가?

⚠️ 신소재, 반도체, 초전도체, 그래핀, 바이오미메틱스

인류의 역사를 석기 시대, 청동기 시대, 철기 시대 등으로 구분하는 데서도 알 수 있듯이, 문명의 발전은 새로운 재료를 어떻게 이용하느냐와 밀접한 관계가 있습니다. 과거에는 도구나 건축물을 만드는 데 관심을 가지고 가볍고, 강하며, 오래가는 재료를 찾는 데 노력했다면, 최근에는 반도체, 초전도체, 그래핀처럼 특수한 전기적·자기적 성질을 갖는 기능성 재료를 찾는 데 집중하고 있습니다.

문명이 발전할수록 정보·통신의 비중이 점차 높아지고, 기계 제품에도 갈수록 정교한 기능이 필요해지며, 기능성 재료는 구조 재료에 비해 훨씬 더 빠른 속도로 발달하고 있습니다. 인간에 비유한다면 뼈를 이루는 재료보다 신경이나 두뇌 분야의 재료에 더 많은 관심을 기울이게 된 것이죠.

그 결과 과학기술을 이용하여 기존 소재의 결점을 보완하고 새로운 기능과 성질을 갖도록 만든 재료가 등장했습니다. 바로 신소재입니다.

인간은 자연의 재료를 어떻게 변화시켜서 신소재를 만들어 왔을까요? 자연의 재료에는 주기율표상의 다양한 원소와 이 원소들로 이루어진 물질들이 있습니다. 우주 생성 초기에 만들어진 원소인 수소와 헬륨은 우주에서 많은 양을 차지하지만, 지구에는 양이 많지 않습니다. 지구에는 철, 산소, 규소, 마그네슘 등의 원소가 많은데, 특히 지각에는 산소, 규소, 알루미늄, 철 등이 풍부하지요. 산소와 규소는 화학 결합을 통해 다양한 화합물을 만듭니다. 이것이 지각을 이루는 주된 물질인 규산염 화합물입니다.

생물의 몸은 물, 단백질, 지질, 탄수화물, 무기 염류 등으로 구성되어 있습니다. 그중에서 단백질, 지질, 탄수화물은 탄소가 수소, 산소, 질소 등과 공유 결합하여 만들어진 탄소 화합물이며 생명체를 이루는 주된 물질입니다.

이처럼 지각과 생명체를 구성하는 물질은 여러 원소들이 일정한 규칙에 따라 결합한 다양한 화합물로 이루어져 있습니다. 그리고 이 물질들은 녹는점과 끓는점, 비열, 밀도, 강도, 전기 전도성, 자성, 굴절률 등 다양한 물리적 성질을 가지고 있습니다.

인류는 물질의 성질을 그대로 이용하거나 모양을 바꾸어 사용해 왔는데 최근에는 물질의 결합 규칙을 변형하여 새로운 성질을 가진 물질을 만들어 사용하고 있습니다. 이처럼 기존 물질의 단점을 보완하거나 새로운 성질을 가지게 만든 물질이 바로 신소재입니다. 우리 주변에는 어떠한 신소재들이 활용되고 있을까요?

물질의 전기적 성질을 바꾸다

바닷가에서 가장 흔하게 볼 수 있는 것은 모래입니다. 모래의 주성분은 규소입니다. 규소는 지구의 지각에서 산소 다음으로 많은 원소로 전체 질량의 27.7%를 차지하며, 우주에 8번째로 많이 존재하는 원소입니다. 지구에서는 점토나 모래, 석영, 장석, 화강암 등의 형태로 산출되는데 예로부터 다양한 분야에 이용되어 왔습니다.

물질은 전류가 잘 흐르는 정도에 따라 도체, 반도체, 절연체로 구분합니다. 예를 들어 전류가 잘 흐르는 구리는 도체, 잘 흐르지 않는 나무는 절연체에 속합니다.

반도체는 전류를 흘리는 정도가 도체와 절연체의 중간인 물질로 규소가 대표적입니다. 반도체는 온도나 습도, 특정한 화학물질의 종류에 따라 전기가 흐르는 성질이 달라지는데, 이러한 성질을 필요에 따라 바꿔서 다양한 센서를 만드는 데 활용합니다.

금속 내부에는 원자로부터 벗어나 자유롭게 움직이는 전하인 자유 전자가 있습니다. 금속의 양쪽에 전압을 걸면 자유 전자가 이동하는데 이를 외부에서는 '전류가 흐른다'라고 표현합니다.

순수한 반도체 물질에는 자유 전자가 매우 적어서 전압을 걸어도 전하의 이동이 일어나지 않습니다. 그러나 여기에 불순물을 약간 넣으면 전류가 잘 흐릅니다. 이처럼 불순물을 섞는 과정을 도핑(doping)이라고 하고, 도핑 결과에 따라 p형 반도체와 n형 반도체가 만들어집니다.

p형 반도체와 n형 반도체는 둘 다 전류가 잘 흐르지만 서로 반대의 전기적 성질을 가집니다. 그 둘을 결합하면 다양한 전기적 성질을 가진 물질을 만들 수 있습니다. 가장 대표적인 물질은 p-n 접합 다이오드입니다. p형 반도체와 n형 반도체를 접촉시킨 뒤 양 끝에 전극을 붙인 것인데, 이렇게 하면 전류의 흐름을 조절할 수 있습니다.

p-n 접합 다이오드의 p형 반도체에 전원의 (+)극을 연결하고, n형 반도

체에 전원의 (−)극을 연결한 경우를 '순방향 전압이 걸렸다'라고 합니다.

다음 그림과 같이 순방향 전압이 걸리면 p형 반도체의 양전하를 띤 전하 운반자인 양공과 n형 반도체의 자유 전자가 각각 접합면으로 이동하여 p-n 접합 다이오드의 접합면에 양공과 전자가 공존하는 영역이 생깁니다. 이 영역에서 전자와 양공은 서로 결합하여 소멸되고, 다이오드의 양 끝에서는 양공과 전자를 계속 공급할 수 있기 때문에 전류가 지속적으로 흐릅니다.

p-n 접합 다이오드에 역방향 전압이 걸리면 p형 반도체에는 전자가 공급되어 접합면 근처의 양공은 거의 사라지고 전원의 (−)극 쪽으로 양공이 몰립니다. 또 n형 반도체에는 전자가 접합면에서 멀어지면서 전원의 (+)극 쪽으로 전자가 몰립니다. 이렇게 되면 p-n 접합 다이오드의 접합면을 통해 전류가 흐르지 않습니다. 이런 방법으로 p-n 접합 다이오드를 이용하면 전류를 흐르게 할 수도 있고 흐르지 않게 할 수도 있습니다.

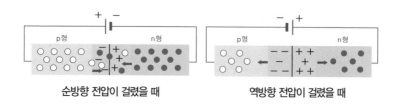

순방향 전압이 걸렸을 때   역방향 전압이 걸렸을 때

일반 가정에는 전류의 방향이 주기적으로 바뀌는[17] 교류 전기가 공급됩니다. 그런데 전기 기구 중에서 컴퓨터, 휴대전화 등 전자제품들은 대부

---

17 우리나라의 220V 교류 전기는 60Hz이므로 방향이 1초에 120번 바뀐다.

분 내부에 직류 전류가 흘러야 합니다. 그래서 교류를 직류로 전환하는 장치가 필요한데, 어댑터(adapter)가 바로 그런 장치입니다. 어댑터에는 교류를 직류로 전환하는 정류 회로가 있고, p-n 접합 다이오드 여러 개를 이용하여 정류 회로를 구성합니다. 이 외에 p-n 접합 다이오드를 응용한 것으로 포토 다이오드, 발광 다이오드(LED) 등이 있습니다.

포토 다이오드는 빛을 받아서 전류가 흐르게 하는 역할을 하여, 주로 빛을 검출하는 장치를 만드는 데 사용됩니다. LED는 빛(Light)을 방출(Emitting)하는 다이오드(Diode)로, 전류를 흘려주면 빛을 내며, 포토 다이오드와 반대 작용을 합니다.

LED는 반도체의 재료로 어떤 화합물을 사용하느냐에 따라 p형 반도체와 n형 반도체 사이의 에너지 차이가 생기며 방출하는 빛의 색깔도 달라집니다. LED는 수명이 길고 크기가 작아서 각종 영상 표시 장치로 널리 사용되고 있습니다. 최근에는 고휘도 발광 다이오드가 여러 종류 개발되어 조명 장치로 응용되고 있으며, 조금 더 발전한 형태로 레이저광을 발생시키는 레이저 다이오드도 제작되고 있습니다.

초전도체를 활용하다

물질의 전기적 성질과 자기적 성질은 매우 밀접한 관계가 있습니다. 영구자석의 자기장도 자석을 구성하는 전자의 운동(전류)에 의해 생기듯이, 물체에 흐르는 전류는 주위에 자기장을 만듭니다. 그래서 매우 강한 자기장은 자석이 아닌 큰 전류를 이용해 발생시킵니다.

그러나 큰 전류가 흐르는 물체는 저항 때문에 열이 발생하는 문제가 있

초전류

초전도체

습니다. 그렇기 때문에 더 강하고 균일한 자기장을 만들기 위해서는 큰 전류가 흘러도 열이 발생하지 않는 물질, 즉 저항이 '0'인 물질이 필요한데, 이런 물질을 초전도체라고 합니다.

초전도체는 특정 조건에서 직류 전류가 흐를 때 저항이 전혀 없는 도체입니다. 그림과 같은 초전도체로 된 고리에 전류를 흘리면, 초전도체를 따라 흐르는 전류는 세기가 감소하지 않고 영원히 흐릅니다.

1911년 네덜란드 물리학자 헤이커 오너스(Heike Onnes)는 수은의 온도를 낮추면 $4K^{18}$에서 전기 저항이 갑자기 0이 되는 현상을 발견했습니다. 4K 이하에서 수은에 전류가 한 번 흐르기 시작하면 외부에서 전력을 공급하지 않아도 무한히 전류가 흐를 수 있는 것이죠.

아래 그래프는 수은의 전기 저항이 4.2K에서 0이 됨을 나타내는데, 이를 초전도 전이라 하고 초전도 전이가 일어나는 온도를 임계 온도라고 합니다. 따라서 임계 온도보다 낮은 온도에서는 전기 저항이 0이 되는 것입니다. 과학자들의 계속된 연구로, 다른 물질도 온도를 충분히 낮추면 초전도 상태가 된다는 사실을 알게 되었습니다.

나이오븀(Nb)이라는 금속은 임계 온도가 9.2K로 순수한 물질 중

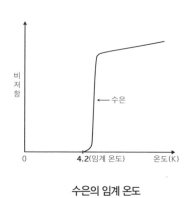

수은의 임계 온도

---

18 4K은 -269℃에 해당한다.

에서는 임계 온도가 가장 높습니다. 합금이 되면 이보다 더 높아지기도 하는데, 나이오븀과 저마늄(Ge)의 합금 임계 온도는 23K입니다.

1986년에는 금속의 산화물, 즉 세라믹이라고 하는 물질에서 초전도성을 갖는 새로운 화합물 초전도체가 발견되었습니다. 처음 발견한 세라믹 초전도체는 임계 온도가 28K로 금속의 합금 초전도체와 비슷한 정도였습니다. 그러나 그 후 수많은 실험이 이루어지면서 1987년에는 임계 온도가 57K에 이르는 세라믹 초전도체를, 1988년에는 임계 온도가 100K 이상인 초전도체를 발견했습니다. 현재까지 150K의 임계 온도를 갖는 물질이 보고되었습니다.

초전도체의 임계 온도가 냉각재로 사용하는 액체 질소의 끓는점인 77K(-196℃)보다 높다는 것은 초전도체를 실용화하는 데 있어서 매우 중요한 의미가 있습니다. 왜냐하면 액체 질소는 끓는점이 4K인 액체 헬륨에 비해 값이 싸면서도 쉽게 얻을 수 있기 때문입니다.

초전도체는 임계 온도 이하에서 전기 저항이 0이 되는 현상 외에도 마이스너 효과(Meissner effect)라고 하는 특별한 자기적 특성을 가지고 있습니다. 임계 온도보다 높은 온도에서는 외부 자기장에 놓였을 때 자성을 띠지만, 임계 온도보다 낮은 온도에서는 초전도체 상태가 되어 외부 자기장에 놓여도 내부에 자기장이 침투할 수 없습니다. 그래서 내부의 자기장이 0이 되는 것입니다.

따라서 초전도체 위에 자석을 올려놓으면 표면에 전류가 유도되어 초전도체 내부의 자기장이 0인 상태를 유지합니다. 반면 자석은 초전도체로부터 밀어내는

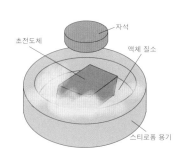

마이스너 효과

반발력을 받아 위로 뜹니다.

마이스너 효과는 외부에서 가해진 자기장을 상쇄시키기 위한 전류(차폐 전류)가 초전도체에 흘러서 외부의 자석과 반대되는 자극을 만듦으로써 나타납니다. 자기장을 밀어내는 마이스너 효과는 자기부상 열차나 초전도 베어링 등에도 활용될 수 있습니다.

초전도체는 이외에도 매우 다양한 분야에서 이용되고 있습니다. MRI(자기공명영상)에 사용하는 강하고 안정적인 자기장을 발생시키는 초전도 자석, 에너지 저장 장치, 모터, 발전기 등 큰 전류를 발생시키거나 손실이 거의 없는 초전도 송전선처럼 전력을 수송하는 데 이용하기도 합니다. 자기부상 열차나 초전도 추진 선박과 같은 교통수단, 뇌나 심장의 자기장을 측정하여 건강을 진단하는 의료 장비 등 활용 분야가 다양합니다.

탄소의 변신, 그래핀과 풀러렌

생명체를 이루는 주된 물질인 탄소는 산소와 함께 생명에 없어서는 안 되는 가장 기본적인 원소 중 하나입니다. 또한 가장 바깥쪽 전자껍질에 4개의 전자와 4개의 '빈 자리'가 있기 때문에 많은 종류의 원소와 결합할 수 있어서 상당수의 유기물을 포함하여 약 2000만 가지 화합물을 생성할 수 있기도 합니다. 배열 순서에 따라 물리적 특성도 다양해집니다. 또한 물리학에서 탄소는 원자의 상대 질량을 나타내는 기본 단위 역할[19]도 합니다.

---

19 질량수 12인 탄소 동위 원소의 질량을 12로 정한 원자 질량 단위가 사용된다. 기호로는 amu, 또는 u를 사용한다. 이에 따르면 수소 원자의 질량은 1amu다.

탄소는 구조에 따라 형태와 성질이 달라집니다. 두께를 아주 얇게 하면 투명도나 전기저항, 열 전도성 등이 달라지는데 이러한 특성을 디스플레이, 통신 기기, 태양전지, 에너지 저장 장치, 의료기기, 군사용 기기 등에 적용하고 있습니다. 다이아몬드와 흑연은 같은 탄소 원자로 되어 있지만 구조가 달라 형태와 성질도 완전히 다릅니다.

귀중한 보석으로 잘 알려져 있는 다이아몬드는 순수한 탄소로 이루어져 있는데, 각 탄소 원자가 4개의 다른 탄소 원자와 정사면체 형태로 결합된, 지구상에서 가장 단단한 물체입니다. 반면에 흑연은 연필의 주재료로 구성 성분은 다이아몬드와 같은 탄소지만 분자 구조가 판 형식으로 되어 있어 잘 부스러집니다.

그런데 최근에는 흑연이 새로운 소재로 거듭나고 있습니다. 바로 그래핀(Graphene)입니다. 연필심에 사용하는 흑연은 탄소가 육각형 형태로 배열된 평면들이 층으로 쌓여 있는 구조인데, 이 흑연의 한 층만 벗겨내어 탄소 원자들이 평면을 이루고 있는 구조가 바로 그래핀입니다.

그래핀의 탄소 원자들은 육각형 격자를 이루며 육각형의 꼭짓점에 탄소 원자가 위치하고 있습니다. 이 모양을 벌집 구조 또는 벌집 격자라고 부르기도 합니다.

그래핀은 원자 1개의 두께로 이루어진 얇은 막으로, 두께는 0.2nm 정도로 엄청나게 얇으면서도 물리적·화학적 안정성이 매우 뛰어납니다. 또한 구리보다 100배 이상 전기가 잘 통하고, 반도체의 재료로 쓰이는 단결정 실리콘보다 100배 이상 전자를 빠르게 이동시킬 수 있습니다. 강도는 강철보다 200배 이상 강하고, 탄성도 뛰어나 늘리거나 구부려도 전기적 성질을 잃지 않습니다. 흑연처럼 탄소로 되어 있지만 구조가 달라지면서 완전히 새로운 성질을 갖게 된 것입니다.

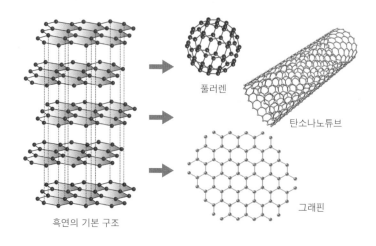

풀러렌

탄소나노튜브

그래핀

흑연의 기본 구조

탄소 동소체의 구조

그래핀은 유연성, 전기 전도성, 열 전도성 등이 높기 때문에 다양한 분야에서 미래의 신소재로 주목받고 있으며 '꿈의 나노 물질'이라 불립니다.

탄소 원자가 평면이 아닌 구, 타원체, 원기둥 모양으로 배열된 분자를 통틀어 풀러렌(Fullerene)이라고 합니다. 1985년에 처음 발견되었으며, 흑연 조각에 레이저를 쏘았을 때 남은 그을음에서 발견된 완전히 새로운 물질입니다. 풀러렌은 주로 탄소 원자 60개가 축구공 모양으로 결합하여 생긴 버크민스터풀러렌(C_{60})을 말하는데, 12개의 5각형과 20개의 6각형으로 이루어져 있으며, 각각의 5각형에는 5개의 6각형이 인접해 있는 형태로 지름 약 1nm인 '나노의 축구공'을 형성합니다.

풀러렌은 다이아몬드만큼 강하면서도 아주 작은 물질을 새장처럼 가둘 수 있고 미끄러운 성질이 있으며 다른 물질을 삽입할 수 있게 열리기도 하고 튜브처럼 이을 수도 있습니다. 또한 탄소 원자끼리 강하게 결합해 반응성이 적은 대신 인체에 독성이 없는 것이 특징입니다. 과학자들은

전기적 성질과 자기적 성질을 동시에, 다강체

다강체(Multiferroics)란 다강성 물질, 즉 외부 자극(힘 등)에 저항하는 성질인 강성이 한 물질 내에 여러 종류 존재하는 물질을 말한다. 외부 전기장의 영향 없이 (+)전하와 (−)전하로 갈라지는 분극 현상인 강유전성, 외부 자기장의 영향 없이 N극과 S극으로 갈라져 스스로 자성을 띠는 강자성, 그리고 강탄성 등 여러 강성(ferroic)들이 있는데, 이 중 두 개 이상의 성질을 갖는 물질을 다강체라 일컫는다.

다강체 소재는 아주 좁은 영역을 N극과 S극으로 나눔과 동시에 (+)극과 (−)극으로 나눌 수 있다. 메모리 소자에 기록하는 기존 방식이 0과 1이라면 전기로 0과 1을 기록하고 동시에 자기로 0과 1을 기록하여 집적도를 2배로 한 메모리 소자를 만들 수 있을 것으로 예상된다. 아주 좁은 영역에 4가지 단계의 정보를 저장할 수 있으므로 정보 저장 용량 및 처리 속도를 획기적으로 높일 수 있을 것이다.

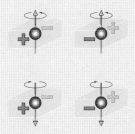

다강체의 4가지 상태
크기가 같은 (+), (−) 두 전하가 나란히 있는 전기 쌍극자와 고리 모양의 전류인 자기 쌍극자를 동시에 갖는 소자를 방향 조합하여 4가지 상태를 만들 수 있다.

대표적 다강체 물질로 비스무트, 철, 산소로 이루어진 비스무트 페라이트($BiFeO_3$)가 있는데, 아직은 초전도체가 그렇듯이 상온보다 낮은 온도에서만 다강체 특성을 보인다. 현재 상온에서도 다강체 특성을 보이는 소재를 찾기 위한 연구를 진행하고 있다.

의약 성분의 저장 및 체내 운반체 역할을 하는 약물 전달 시스템으로서 풀러렌을 연구하고 있습니다.

최근에는 여러 금속 원자를 섞어 도체, 혹은 초전도체로 이용하거나 수많은 풀러렌을 연결해 새로운 섬유나 촉매 그리고 각종 센서로 응용하는 등 이용 분야가 날로 늘고 있습니다. 풀러렌은 전지·윤활제·초전도물질·고분자·촉매·컴퓨터 기억소자·우주항공 환경 등의 분야에서 혁신을 가져올 차세대 나노 소재로 기대를 모으고 있습니다.

자연을 모방하여 신소재를 만들다

자연의 생물은 오랜 시간 동안 환경에 적응할 수 있도록 구조와 소재를 스스로 변화시키면서 진화해 왔으며 이미 우리가 필요로 하는 다양한 기능을 갖추고 있습니다. 지금까지 인간은 자연에 존재하는 물질을 이용하여 원하는 기능을 가진 새로운 소재를 개발해 사용해 왔는데, 최근에는 생물이 진화를 통해 터득한 구조와 소재에서 영감을 얻는 경우가 늘고 있습니다.

갈고리 형태로 되어 있어 털에 붙으면 잘 떨어지지 않는 도꼬마리 열매를 본 따 만든 벨크로 테이프, 표면 마찰 항력이 작아 물속에서도 빠르게 움직일 수 있는 상어의 피부를 모방한 전신 수영복, 물에 젖지 않는 연잎의 초소수성을 모방한 자기세정 페인트 등 자연을 모방하여 개발한 소재들이 수없이 많습니다.

이처럼 자연이 수천 년 동안 진화하면서 획득한 놀랍고도 다양한 재료와 구조를 모방하여 새로운 소재를 개발하는 분야를 바이오미메틱스

(biomimetics)라고 부릅니다.

아프리카 남서부 해안에 위치한 나미브 사막은 비가 거의 내리지 않는 매우 건조한 곳입니다. 이곳에 스테노카라(Stenocara)라는 학명의 딱정벌레가 서식하고 있는데 이 곤충은 건조한 기후에서 살아남기 위한 독특한 생존 방법을 가지고 있습니다. 등껍질에 공기 중의 수분이 이슬로 맺히게 한 다음, 물구나무를 서서 물이 주둥이로 흐르게 함으로써 생존에 필요한 물을 섭취하는 것입니다.

이 딱정벌레의 등껍질은 울퉁불퉁한데, 튀어나온 돌기 부분은 친수성으로 물과 잘 달라붙지만, 돌기 사이사이의 홈에는 소수성을 띠는 왁스와 비슷한 물질이 있어서 물을 밀어냅니다. 이러한 구조 덕분에 안개가 낀 아침에 바람이 부는 쪽으로 등을 향하고 물구나무를 서면 공기 중의 수증기가 돌기에 맺힙니다. 돌기에 모인 수증기는 점점 커져 물방울이 되고, 나중에 무게를 견디지 못하고 아래로 흘러내려 딱정벌레의 입으로 들어가는 것입니다.

매사추세츠 공과대학 연구팀은 친수성과 소수성을 지닌 딱정벌레의 울퉁불퉁한 등껍질의 구조를 모사하여 안개 속에서 수증기를 물로 포집하는 연구를 수행하였습니다. 영국에서는 소수성을 지닌 표면 위에 친수 패턴의 크기와 간격을 적절히 조절하여 최대로 수분을 수집하는 연구를 수행하기도 했습니다.

사막과 같이 건조한 지역이나 고산 지역에서는 우물이나 강이 없고, 있다 하더라도 먼 경우가 많아 물을 나르는 데 많은 시간과 비용이 듭니다. 그러므로 물을 얻느라 몇 km씩 걷는 대신 스테노카라 딱정벌레처럼 안개를 활용하여 깨끗한 물을 만들어낼 수 있다면, 그것은 매우 획기적이면서도 효과적인 방법이 될 것입니다.

거미줄을 보면 그 정교함과 규칙성에 감탄이 절로 나옵니다. 거미는 거미줄을 치기에 적합한 장소를 정확하게 파악하고, 주변의 자연물들을 적절하게 활용해 거미줄을 만듭니다. 거미줄은 거미에게 집이자 먹이를 잡는 도구이기 때문에 가능한 한 오랫동안 튼튼하게 유지되어야 합니다. 그러므로 먹이가 되는 곤충들에게는 잘 보이지 않으면서도 새나 큰 동물들에게는 잘 보이게 만들어야 거미줄이 파괴되지 않을 것입니다.

이런 식으로 오랜 기간 진화가 진행되자 새들은 거미줄을 멀리서도 알아보고 피할 수 있게 되었는데, 이러한 새들의 속성을 도심 한가운데에서 활용하는 사람들이 있습니다.

요즘 도심의 건물은 서로 키를 자랑하듯 높이높이 올라가고 있습니다. 문제는 건물 외벽에 투명 유리를 많이 사용하면서, 날아가던 새들이 유리를 허공으로 착각하고 부딪쳐 죽는 경우가 자주 발생한다는 것입니다. 문제를 인식한 사람들은 거미줄에서 그 해답을 찾아보려고 하였습니다. 그래서 유리창에 거미줄 무늬를 그려 넣어 새들이 피해갈 수 있도록 했습니다. 거미줄 무늬는 새의 눈에는 보이지만, 사람의 눈에는 보이지 않습니다. 이는 작은 배려이자 도심에서 인간과 자연이 공존하기 위한 사례가 되었습니다.

이 외에도 사람의 눈 구조를 본 따 만든 전자 눈 카메라, 모르포 나비의 날개에서 아이디어를 얻어 만든 염색 없이 빛에 의해 색이 나타나는 모르포텍스 섬유 등 바이오미메틱스의 산물이 우리 생활 곳곳에서 사용되고 있습니다.

자연에서 얻는 소재에 따라 인류의 삶은 크게 변화해 왔으며 인류는 자연 소재를 발전시켜 문명을 발달시켰습니다. 최근에는 과학기술의 발달로 자연에 존재하지 않았던 새로운 물질을 만들어 이용할 수도 있게 되었습니다.

앞으로 새롭게 등장할 신소재는 자연으로부터 얻는 영감에 훨씬 더 크게 의존하게 될 것입니다. 그러나 신소재의 기능에 치중한 나머지 그로 인해 자연 환경에 주는 영향에 대한 고민을 소홀히 한다면, 어느 순간 모방할 대상을 잃어버릴 수도 있습니다. 이제 신소재를 개발할 때는 기능과 더불어 환경에 주는 영향 또한 중요하게 고려해야 할 것입니다.

프로젝트 하기

홍보 활동 신소재 개발에서 지켜야 할 윤리 알아보기

스테노카라 딱정벌레의 등껍질, 상어의 비늘, 혹등고래의 지느러미 등 생명체의 구조를 모방하여 개발하는 신소재인 바이오미메틱스는 실험 과정에서 동물의 참여를 필요로 한다. 따라서 연구자들에게 높은 수준의 윤리의식이 요구된다. 다음 활동을 통해 신소재 개발 연구자가 지켜야 할 윤리를 알아보자.

1. 세계적으로 동물 실험을 금지하거나 금지를 제안한 사례를 찾아본다.
2. 우리나라의 「동물보호법」에서 동물 실험을 어떤 방식으로 규정하고 있는지 조사한다.
3. 조사한 내용을 바탕으로, 신소재를 개발하는 과정에서 생명체를 실험 대상으로 할 때 지켜야 할 윤리는 무엇인지 생각해 본다.
4. 동물 실험의 원칙과 국내외 법률 등을 참고하여 생명의 소중함을 알릴 수 있는 포스터를 제작한다.

3장

역학적 시스템,
힘과 운동은
어떻게 작용할까?

중력은 어떤 역할을 할까?

충돌에 대처하는 우리의 자세

1 중력은 어떤 역할을 할까?

(!) 힘과 운동, 시스템, 역학적 시스템, 중력, 자유 낙하 운동, 수평으로 던진 물체의 운동

자동차가 도로 위를 달리고 비행기가 하늘을 날며 인공위성이 지구 주위를 도는 '운동'은 어떻게 일어나는 것일까요? 운동의 원인에 대한 궁금증은 2500년 전부터 생겨났습니다. 그러나 그에 대한 답을 얻은 것은 갈릴레오와 뉴턴의 시대에 이르러서였지요. 이들이 아니었다면 자동차나 비행기, 인공위성은 등장할 수 없었을지도 모릅니다.

오래전에는 단순히 물체를 밀거나 당기기 위해 힘이 필요하다고 생각했습니다. 책상을 일정한 속력으로 밀기 위해서는 계속 힘을 주어야 하고, 마차를 일정한 속력으로 끌려면 말이 계속해서 달려야 했으니 말입니다. 물체에 힘이 작용하지 않으면, 그 물체는 정지한다고 생각했죠.

아리스토텔레스도 이와 같은 현상에 관심을 가졌습니다. 그래서 일정한 속력이 생기게 하기 위해서는 일정한 크기의 힘을 계속 가해야 한다는 결론을 내렸습니다. 이는 곧 물체에 힘이 작용하지 않을 때에는 정지한다

는 얘기이기도 합니다. 외부에서 힘이 작용하지 않으면 물체는 정지할 것이라는 아리스토텔레스의 생각은 얼핏 맞다고 느껴질 수도 있습니다. 우리 주변의 수많은 운동들이 그러해 보이니까요. 그러나 모든 운동이 이로써만 설명되지는 않습니다.

가만히 떨어뜨린 물체에는 아무런 힘이 작용하지 않는 것처럼 보입니다. 그러나 속력은 증가합니다. 태양이나 달도 계속 운동하고 있습니다. 이러한 운동을 설명하려면 아리스토텔레스의 생각과는 다른, 새로운 이론이 필요했습니다. 전기나 자기 현상을 설명하기 위해서도 역시 또 다른 이론이 필요할 것이고요.

이처럼 특별한 상황을 설명하기 위해 그때그때 새로운 이론이나 모형을 만들어야 한다면 자연을 효과적으로 이해하고 설명한다고 말하기 어렵겠지요? 하나 또는 최소한의 이론이나 모형으로 다양한 현상을 설명할 수 있어야 하는데, 그 시작은 바로 힘과 운동에 대한 바른 이해일 것입니다.

힘이 작용하지 않을 때 물체의 운동은?

아리스토텔레스 이후로 거의 2000여 년 동안이나 이 분야에 대한 진전이 없었습니다. 그러다 17세기에 들어서 갈릴레오에 의해 큰 걸음을 내딛었지요. 갈릴레오는 "움직이는 물체는 가속이나 감속의 원인이 없는 한, 속도가 처음과 같이 유지된다"라고 했습니다. 또한 이러한 현상은 마찰이 거의 없는 상황에서만 가능하다고 덧붙였지요. 그리고 이러한 성질을 '관성'이라고 했습니다.

갈릴레오의 이 표현은 이후 등장한 뉴턴의 운동 제1법칙인 관성의 법칙을 설명한 것입니다. 이 법칙의 정의는 '물체에 힘이 작용하지 않으면 물체는 정지한 채로 있거나 일직선상을 등속으로 운동한다'입니다.

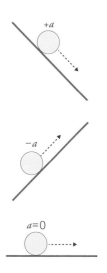

갈릴레오의 사고 실험 1

사실 갈릴레오가 살던 당시에 일정한 속력으로 움직이기 위해서 힘이 필요하지 않다거나, 힘이 작용하지 않으면 일정한 속력으로 움직인다고 생각했다는 것은 놀라운 일입니다. 갈릴레오는 빗면을 내려갈 때는 속력이 점점 빨라지고 빗면을 올라갈 때는 속력이 점점 느려지는 빗면에서의 운동을 토대로 수평면에서는 속력이 변하지 않아야 한다고 생각을 확장해 나갔습니다. 이로부터 실제로 수평면에서 물체의 속력이 느려지는 이유는 마찰 때문이며 마찰은 물체의 운동을 정지시키려는 힘이라고 생각했지요. 그래서 수평면에서 마찰을 줄이면 물체는 계속 운동을 할 것이라고 확신하게 된 것입니다.

갈릴레오의 유명한 사고 실험은 여기에서부터 탄생합니다. 갈릴레오는 두 개의 서로 마주보는 빗면의 한쪽 빗면 위에서 굴러 내려간 공은 반대쪽 빗면의 거의 같은 높이까지 굴러 올라가는 현상을 관찰했습니다. 이로써 마찰이 없다면 반대쪽의 같은 높이까지 공이 굴러갈 수 있을 것이라 생각했습니다.

또한 반대쪽 빗면의 기울기가 작으면 같은 높이까지 올라가기 위해 더 멀리 굴러가야 하고, 반대쪽 빗면을 수평으로

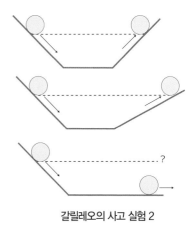

갈릴레오의 사고 실험 2

만든다면 공은 처음 높이에 도달할 때까지 계속 구르게 될 것이므로 영원히 운동한다고 생각했습니다.

당시에는 마찰이 없는 이상적인 수평면에서 실험하기가 불가능했지만 지금은 마찰과 공기 저항에 의한 힘이 전혀 작용하지 않는 경우를 완전하게 재현할 수 있지요. 그래서 갈릴레오의 생각이 옳았음을 확인할 수 있었습니다.

우리는 이렇게 물체에 힘이 작용하지 않으면 물체는 정지하거나 등속 직선 운동한다는 것을 알게 되었습니다. 그렇다면 물체에 일정한 힘이 작용하면 물체는 어떤 운동을 할까요?

일정한 힘이 작용할 때 물체의 운동은?

물체에 힘이 작용하지 않으면 물체는 정지하거나 혹은 등속 운동이라는, 속도가 변하지 않는 운동을 합니다. 반대로 물체의 속도가 변했다면 물체에 힘이 작용했다는 의미입니다. 그렇다면 물체의 속도를 변하게 하는 힘에는 어떤 것들이 있고 이를 통해 무엇을 알 수 있을까요?

물체에 작용하는 힘은 중력, 마찰력, 탄성력, 전기력, 자기력 등 다양합니다. 이러한 힘은 일정한 규칙에 따라 작용하는데 이 규칙을 알면 물체의 운동이 어떻게 변하는지 예측하고 설명할 수 있습니다. 이렇게 힘이 작용하고, 그에 따라 물체의 운동 상태나 모양이 변하는 체계를 역학적 시스템이라고 합니다.

그런데 여기서 의문이 생깁니다. '시스템'이란 무엇일까요? 시스템 하면 먼저 기계, 가구, 조직 같은 것이 떠오를지도 모르겠네요. 맞습니다. 우리가 일반적으로 사용하는 시스템이라는 말은 대개 그런 의미입니다. 시스템은 각 구성 요소들이 일정한 규칙에 따라 상호 작용하면서 균형을 유지하는 집합을 뜻합니다. 이와 같은 상호 작용에 '힘'이 필수적일 때 역학적 시스템이라고 하지요. 역학은 한자로 '力學'이라고 씁니다. 여기에서도 알 수 있듯이 중력, 탄성력, 전기력, 핵력 등 다양한 힘과 관련이 있습니다. 특히 모든 물체 사이에서 항상 작용하는 힘인 중력은 역학적 시스템에서 매우 중요한 역할을 합니다.

지구에서 물체에 작용하는 중력의 크기는 지구 중심으로부터의 거리(높이) 또는 위도에 따라 조금씩 차이가 나지만, 로켓처럼 지구 표면에서 아주 높이 이동하는 경우를 제외하면 물체가 운동하는 동안 물체에 작용하는 중력의 크기는 거의 일정하다고 할 수 있습니다. 따라서 역학적 시스템에서 중력에 의한 물체의 운동은, 물체에 일정한 힘이 작용하는 대표적인 사례라고 할 수 있습니다.

그렇다면 중력이 작용할 때 물체는 어떤 운동을 할까요? 물체에 작용하는 중력, 즉 무게는 물체의 질량과 중력 가속도의 곱으로 정의합니다. 위치에 무관한 값인 질량과 질량에 비례하는 무게 사이의 비례 상수인 중력 가속도는 지표면 어디에서 측정하느냐에 따라 조금씩 달라지지만, 같은 위치라면 어떤 물체건 상관없이 값이 다르지 않습니다. 이것을 단위 질량에 작용하는 중력, 즉 중력장이라고 합니다.

중력장 내에서 물체를 가만히 떨어뜨리면 물체에는 지구에 의한 중력과 공기에 의한 저항력이 함께 작용합니다. 이때 크기가 작고 밀도가 큰 물체라면 속력이 작은 구간에서는 공기에 의한 저항력이 중력에 비해 무시할 수 있을 정도로 작습니다. 이 경우 중력만이 물체의 운동에 영향을 주겠지요. 물체의 가속도는 뉴턴의 운동 제2법칙 $F=ma$로부터 구할 수 있습니

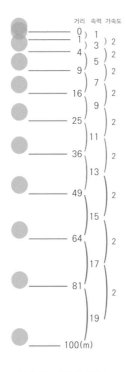

거리 속력 가속도

0 〉 1
1 〉 3 〉 2
4 〉 5 〉 2
9 〉 7 〉 2
16 〉 9 〉 2
25 〉 11 〉 2
36 〉 13 〉 2
49 〉 15 〉 2
64 〉 17 〉 2
81 〉 19 〉 2
100(m)

자유 낙하 다중섬광사진

다. 물체에 작용하는 힘 F가 중력 mg뿐이므로 $F=mg$가 되어 $mg=ma$, $a=g$, 즉 물체의 가속도는 중력 가속도와 같음을 알 수 있습니다.

이로써 중력의 작용만으로 운동하는 물체는 질량에 상관없이 동일한 장소에서 동일하게 가속된다고 예측할 수 있습니다. 이는 이론적 계산 또는 실험적 측정으로부터 약 $9.8m/s^2$에 매우 가까운 값을 갖습니다. 공기의 영향을 무시할 수 있다면 지표면의 동일한 장소에서는 물체의 형태나 밀도와 관계없이 어떠한 물체라도 같은 가속도로 낙하할 것입니다.

자유 낙하하는 물체의 모습을 일정한 간격으로 찍은 다중섬광사진을 보면 물체 사이의 거리가 점점 증가함을 알 수 있습니다. 이때 물체 사이의 거리는 같은 시간마다 이동 거리이므로 빠르기, 즉 속력을 의미합니다.

다시 말해 물체의 속력이 점점 빨라진다는 것을 알 수 있다는 뜻입니다. 또한 물체 사이의 이동 거리의 차, 즉 속력 차이는 가속도이므로 그 값이 일정하면 가속도가 일정한 운동입니다. (그림의 숫자는 각각 속력과 가속도에 비례하는 값입니다. 다중섬광사진 속 시간 간격에 따라 값은 달라집니다.)

따라서 일정한 크기의 중력에 의해 자유 낙하 운동하는 물체의 가속도는 일정하다는 것을 알 수 있으며 이것은 물체가 달라도 마찬가지입니다. 일정한 크기의 힘을 받는 물체는 일정한 가속도를 갖는 운동을 한다는 사실을 알 수 있지요.

수평으로 던진 물체의 운동

앞에서 살펴본 것처럼 중력에 의해서 연직 아래 방향으로 떨어지는 물체의 가속도는 모두 동일합니다. 그렇다면 중력이 영향을 미치는 중력장에서 연직 아래 방향이 아닌 다른 방향으로 운동하는 물체의 가속도는 어떨까요?

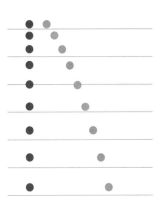

두 공을 동시에 자유 낙하시키거나 수평으로 던졌을 때의 다중섬광사진

오른쪽 그림은 정지 상태에서 동시에 가만히 놓은 공과 수평으로 던진 공의 운동을 나타낸 다중섬광사진을 나타낸 것입니다.

두 공의 수평 방향 운동은 다르지만 연직 방향 운동은 완전히 같습니다. 특히 수평 방향 운동은 힘이 작용하지 않을 때와 같이 일정한 속도라는 것을 알 수 있지요. 이는 물체에 작용하는 중력이 그에 수직인 수평 방향 운동에 아무런 영향을 주지 않는다는 뜻입니다. 즉, 수평 방향 운동과 연직 방향 운동은 서로 독립적이며, 각 운동은 그 방향으로의 힘에 의해서만 영향을 받습니다.

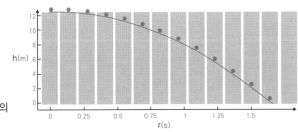

자유 낙하하는 물체의 연속 사진

3장 역학적 시스템, 힘과 운동은 어떻게 작용할까? 145

뉴턴의 대포 실험

자유 낙하하는 물체의 모습을 매 순간마다 한 장씩 옆으로 이어 붙이면 수평으로 던진 물체의 운동 모습과 동일한 장면을 만들 수 있습니다.

따라서 자유 낙하하는 물체의 운동과 수평으로 던진 물체의 운동은 가속도가 같고 똑같이 중력에 의한 운동이라는 사실을 알 수 있습니다. 그런데 이렇게 중력을 받아 운동하는 물체는 모두 지표면으로 떨어지는데, 왜 지구의 중력 영향을 받는 달은 지표면으로 떨어지지 않을까요? 뉴턴은 왼쪽 그림과 같이 높은 산 꼭대기에서 물체를 수평 방향으로 던지는 경우를 생각했습니다.

공기 저항을 무시하면 물체는 수평 방향으로 운동하면서 지표면으로 떨어질 것입니다. 물체를 더 빠른 속력으로 던지면 더 멀리 가서 떨어지겠지요. 그러다가 특정한 속력으로 물체를 던지면 물체는 중력에 의해 떨어지지만 지표면에 닿기 전에 둥근 지구 표면을 따라 지구 주위를 원운동합니다.

뉴턴은 이와 같은 사고 실험을 통해 지구 주위를 원운동하는 달의 운동도 자유 낙하하는 물체의 운동과 수평으로 던진 물체의 운동처럼 지표면을 향해 떨어지고 있다고 설명했습니다.

실제로 지구 중심에서 달 중심까지의 거리는 지구 중심에서 지구 표면까지 거리보다 약 60배 더 멀기 때문에 중력 가속도는 약 1/3600인 0.00272m/s²입니다. 지구에서는 물체가 1초 동안 약 5m 떨어지지만, 달

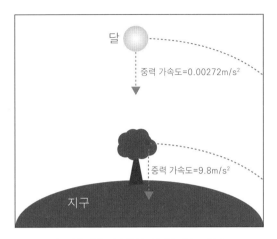

높이에 따른 사과와 달의 중력 가속도 차이

은 1초 동안 약 1.3mm 떨어지며 지구 주위를 돌고 있는 것입니다.

뉴턴은 높은 산에서 약 8km/s의 속도로 물체를 발사하면 지구 주위를 돌게 할 수 있다고 하였습니다. 당시에는 이러한 속도를 낼 수 있는 강력한 대포나 로켓이 없어서 실현하지 못했지만 지금은 기술적으로 가능합니다. 세계적으로 연간 120~140개 인공위성을 발사하여 지구 주위를 돌게 하고 있습니다.

현재 지구 주위를 돌고 있는 인공위성은 수천 개에 이릅니다. 그러나 높은 상공에서 꼭 알맞은 속도와 방향으로 추진력을 얻는 것이 매우 어렵기 때문에 대부분의 인공위성은 원궤도가 아닌 타원 궤도를 따라 지구 주위를 돌고 있습니다.

자유 낙하 운동과 수평으로 던진 물체의 운동이 똑같이 중력에 의한 운동인 것처럼 지상에서 일어나는 물체의 운동이나 달 같은 천체의 운동을 중력의 법칙으로 설명할 수 있습니다.

중력의 영향을 받는 다양한 자연 현상

중력은 물체의 운동뿐 아니라 지구 시스템에서의 여러 가지 자연 현상 및 생명 시스템에서 동식물의 행동과 생장, 구조 등에도 매우 중요하게 작용하고 있습니다.

우선 중력은 지구의 대기 구성 성분에 영향을 줍니다. 대기를 구성하는 주된 기체 성분은 헬륨, 아르곤, 수소, 질소, 산소, 이산화 탄소 등인데, 각 기체 분자의 운동 속도가 중력에 의해 결정되는 지구의 탈출 속도보다 빠르면 지구의 대기에서 벗어나 우주로 날아갑니다. 그래서 비교적 무겁고 느린 산소와 질소 등은 지구의 중력을 벗어나지 못해 지구에 남아 대기를 구성하고 있으며 수소와 헬륨처럼 가볍고 빠른 기체는 지구 대기에 남아 있지 않은 것입니다.

물과 대기의 순환 및 그 과정에서 생기는 구름, 고기압과 저기압, 바람 등은 모두 대류 때문에 일어납니다. 대류 현상은 물질의 밀도 차이에 의해 발생하는데 그 원인은 중력이라 할 수 있지요. 강물이 흐르고 물체가 떨어지는 것 역시 아래로 잡아당기는 중력이 있기 때문입니다.

중력은 생명체의 구조와 생활 방식에도 영향을 줍니다. 사람의 귓속에는 중력을 감지하여 몸의 이동과 평형감각을 담당하는 전정 기관이 있습니다. 전정 기관 안에 있는 이석이라는 작은 칼슘 덩어리가 몸의 움직임에 따라 중력 방향으로 움직이며 몸이 평형을 유지할 수 있도록 합니다.

인간은 물론이고 코끼리처럼 육상에서 살아가는 무거운 동물은 강한 근육과 단단한 골격으로 체격을 유지하며 중력에 적응하고 있습니다. 기린의 심장 기능은 매우 강력한데 이는 높은 곳에 있는 뇌까지 혈액 순환이 원활히 이루어지도록 높은 혈압을 유지해야 하기 때문입니다.

중력이 없으면 병아리도 없다?

닭의 수정란은 하나의 생명 시스템으로서 자체적으로 정교한 체제를 갖추어 작동하지만, 외부 환경 등 주변의 여러 시스템과도 상호 작용한다. 수정란이 분열을 반복하여 개체가 만들어지는 과정을 발생이라고 하는데, 이 과정에서 중력의 영향을 받는다.

발생 과정에서 배가 외부로 이산화 탄소를 내보내고 산소를 공급받는 기체 교환을 하기 위해서는 배와 연결된 요낭이 달걀 껍질 안쪽에 달라붙어야 한다. 요낭의 수많은 혈관은 껍질의 안쪽 면에 퍼져나가고 외부의 신선한 공기에서 호흡에 필요한 산소가 혈관을 통해 내부로 들어와 배의 모든 세포로 운반된다. 세포 안에서 호흡에 의해 생긴 이산화 탄소는 그 반대의 경로로 껍질 안쪽의 혈관을 통해 껍질 밖으로 내보내진다. 즉, 혈관을 통해 기체 교환이 이루어지는 것이다.

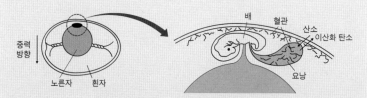

달걀의 내부(왼쪽)와 기체 교환(오른쪽) 모식도

이와 같은 배의 발생 과정에 중력이 중요한 역할을 한다. 닭의 수정란에서 배의 발생이 이루어지기 위해서는 노른자와 흰자가 그림과 같이 위치해야 하는데, 지구에서는 노른자와 흰자의 '비중(물의 밀도(1g/ml)에 대한 상대적인 밀도)'이 각각 1.029, 1.040으로 흰자가 더 크므로 가능하다. 그러나 무중력 상태에서는 노른자와 흰자의 비중 차이가 의미가 없어서 흰자가 노른자를 감싸고 노른자가 달걀 껍질 안쪽에 달라붙지 못해 배 발생으로 이어지지 못한다. 즉, 중력이 작용해야 밀도 차이로 인해 그림과 같이 노른자와 흰자가 배치될 수 있다.

중력은 식물의 구조에도 영향을 줍니다. 식물 세포에는 세포벽이 있어 중력으로 인해 생기는 세포의 무게를 지탱해 식물이 높이 자랄 수 있게 해줍니다. 식물의 뿌리는 중력을 받아 땅속을 향해 자라고 줄기는 중력 반대 방향으로 자랍니다. 이 또한 지구 중력에 적응하기 위한 진화의 결과라고 할 수 있습니다.

중력이 없는 우주 공간에 식물이 있다면 세포를 지탱할 필요가 없으므로 식물의 세포벽은 지구에서보다 얇아집니다. 우주 생활을 하는 우주인의 뼈에서는 매달 1% 정도씩 칼슘이 빠져나갑니다. 그래서 오랫동안 우주 생활을 하고 돌아온 우주인은 뼈 밀도가 낮아지고 강도가 약해져 골다공증이라는 질환으로 고생을 하곤 합니다.

프로젝트
하기

창작 활동 휴대전화로 연속 사진 만들기(*안드로이드 휴대전화에 최적화되어 있는 실험임)

휴대전화의 '슬로 모션' 촬영 기능과 〈Motion shot〉 애플리케이션을 이용해 연속 사진을 만들어보자.

1. 휴대전화의 촬영 모드 중 슬로 모션 기능을 선택한다.

2. 자유 낙하하는 물체가 잘 보일 수 있는 단순하고 무늬가 없는 배경을 준비한다.

3. 휴대전화를 세로로 하여 슬로 모션 촬영을 시작하고, 약 1.5m 높이에서 물체를 가만히 놓는다.

4. 물체가 화면에서 보이지 않으면 촬영을 끝낸다. 과정 7이 있으므로 서둘러 끝낼 필요는 없다.

5. 휴대전화에서 〈Motion Shot〉 어플을 실행한다.

6. 화면의 왼쪽 하단에 있는 ➡ 버튼을 클릭하여 저장되어 있는 동영상(자유 낙하하는 물체의 슬로 모션 동영상)을 불러온다.

7. 하단의 ◗ 버튼을 물체를 떨어뜨리기 직전 시점으로 옮긴다. 원그래프가 채워지는 동안(약 4초)의 영상이 분석 대상이 된다.

8. 분석할 구간이 정해지면 상단 중앙의 ✔ 버튼을 누른다.

9. 하단에 "가져오는 중"이라는 메시지가 나오면서 영상이 처리된다.

10. 물체의 운동을 촬영한 동영상이 연속 사진으로 합성된다. 화면 우측의 +/-를 조절하면 물체의 자취 개수를 조절할 수 있다.

2 충돌에 대처하는 우리의 자세

(!) 안전사고, 안전장치, 운동량, 충격량

우리는 생활하면서 하루에도 수없이 '충돌'을 경험합니다. 출퇴근이나 등하교 시 엄마와 나누는 포옹도 작은 충돌이고 문을 열기 위해 손잡이를 잡는 것도 충돌입니다. 가방을 어깨에 멜 때 가방이 등에 부딪치는 일, 비를 맞는 것도 충돌입니다. 버스나 지하철에서 수많은 인파를 뚫을 때 어깨를 스치고 팔이 부딪치는 등 크고 작은 충돌이 생깁니다. 그러나 일상에서 일어나는 이러한 작은 충돌로 인해 안전사고가 발생하는 일은 거의 없지요. 일상적인 용어로 '충격'이 크지 않기 때문입니다.

그러나 속도가 빠르거나 무거운 물체와 충돌한다면 얘기가 달라집니다. 교실에서 뛰다가 책상에 부딪치거나 복도에서 뛰다가 친구와 부딪친다면, 상황에 따라 매우 크게 다칠 수도 있습니다. 창틀에서 뛰어내리다 다쳐서 팔이나 다리에 깁스를 하는 경우도 충돌에 의한 안전사고 중 하나입니다.

축구, 농구, 배구 같은 운동 경기에서는 이런 안전사고가 더 빈번하게 일어납니다. 상대 선수의 과격한 태클에 걸려 넘어지거나 승부욕이 앞선 선수들의 몸싸움, 프리킥 중 강하게 찬 공에 맞거나 넘어져서 입는 부상은 축구 경기 중 흔하게 겪을 수 있는 안전사고지요.

농구 경기에서는 농구공을 주고받다가 손가락이 공에 맞기도 하고, 배구에서는 오버핸드 토스 중에 손가락 부상이 잦습니다. 야구나 소프트볼 경기에서는 장비 미착용 상태에서 배트나 공에 맞는 부상이 큰 사고로 이어질 수 있습니다.

시설물과의 충돌에 의한 안전사고도 많습니다. 농구골대에 부딪혀 사고가 날 위험이 크므로 안전매트를 설치하기도 합니다. 멀리뛰기 경기장에는 모래를 충분히 채우고, 높이뛰기 경기장에는 반드시 매트를 까는 등, 사고를 예방하기 위해 기본적인 시설을 갖춥니다.

안전사고 예방 장치에는 어떤 것들이 있을까?

그렇다면 일상생활에서 발생하는 가벼운 충돌에 대비해 안전장치를 착용해야 할까요? 이는 부상에 대한 위험보다 불편함이 더 크기 때문에 꼭 필요하다고 할 수는 없습니다. 그러나 운동을 하거나 탈것을 이용할 때는 반드시 필요합니다.

축구 경기는 충돌이 가장 많이 발생하는 운동 중 하나입니다. 사람과 사람, 공과 사람의 충돌이 경기 내내 일어나니까요. 특히 발과 인접한 부위에서 충돌이 많으므로 발목 보호를 위한 가드와 축구화 착용이 필수입니다. 골키퍼는 시속 100km가 넘게 날아오는 축구공을 손과 몸으로 막아야 하기 때문에, 손목 보호를 위한 장갑과 경기장 바닥과 충돌해도 안전하도록 무릎 보호대를 반드시 착용해야 합니다.

야구 경기에는 훨씬 많은 안전사고 예방 장치가 등장합니다. 특히 투수가 던진 빠른 공을 상대해야 하는 타자, 포수, 심판은 공과 야구 배트로부터 몸을 보호하기 위해 다양한 안전장치를 착용합니다.

타자는 시속 150km가 넘는 공으로부터 머리를 보호하기 위해 안전모를 쓰고, 충돌에 약한 팔목을 위해 팔목 보호대도 착용합니다. 포수는 온몸을 안전장치로 감싸고 있다고 해도 과언이 아닙니다. 날아오는 공은 물론이고 타자가 휘두르는 야구 배트로부터 머리와 목을 보호하기 위해 안전모와 마스크를 쓰고, 가슴 보호대와 무릎 보호대도 착용합니다. 심판도 마찬가지입니다.

과학기술의 적용으로 안전장치의 모습과 종류도 변화하고 있습니다. 얼굴을 보호하기 위한 마스크는 오랜 시간에 걸쳐 많은 변화를 겪으며 발전하여 최근에는 모터사이클 안전모를 닮은 마스크가 주를 이루고 있습니다. 축구와 야구 이외에도 우리나라에서 아직 대중화되지 않은 풋볼, 아이스하키 등에는 첨단 과학기술이 적용된 안전장치들이 사용되고 있습니다.

일상생활 중에 충돌로 인한 안전사고가 자주 발생하는 경우는 자전거를 탈 때입니다. 자전거가 대중화된 지는 오래지만, 그동안 안전에 대한 인식이 부족하여 대부분은 안전장치 없이 자전거를 즐겨왔지요. 그러나 최근 들어 자전거를 교통수단이 아닌 레저용으로 이용하는 인구가 증가하면서 자전거 충돌에 대한 경각심이 고조되었습니다.

그래서 안전모, 팔꿈치 보호대, 무릎 보호대 등 충돌 시 피해를 줄이기 위한 안전장치를 착용하는 것은 물론이고 전조등, 후미등 등 충돌을 예방하기 위한 안전장치를 사용하는 사람의 비율이 급격이 증가하고 있습니다. 2018년 9월부터는 자전거 탑승 시 안전모 착용을 의무화하는 법안이 발효되어 시행되고 있을 정도입니다.

자동차가 벽이나 다른 차와 충돌하면 탑승자는 0.1초 이내에 관성에 의해 튕겨나가 핸들이나 앞 유리 등 자동차 내부 장치와 부딪치게 됩니다. 이를 2차 충돌이라고 합니다. 자동차에는 2차 충돌의 충격을 감소시키기 위한 다양한 장치들이 있습니다. 그중 대표적인 것이 안전띠입니다.

자동차 회사인 메르세데스 벤츠는 교통사고 환자의 대부분이 머리와 가슴에 큰 충격을 받는다는 사실을 발견하고 1951년에 골반에 두르는 2점식 안전띠를 도입했습니다. 그러나 허리 아래쪽에만 두르는 안전띠로는 머리와 가슴을 모두 보호하기 어려웠습니다.

1959년 볼보 사의 엔지니어인 닐스 볼린(Nils Bohlin)은 현재 우리가 사용하고 있는 3점식 안전띠를 개발해 처음 장착했는데, 모든 모의 충돌 시

골반을 지나는   가슴과 골반을 지나는   양 가슴과 골반을 지나는
2점식 안전띠   3점식 안전띠   4점식 안전띠

안전띠의 종류

험에서 최고점을 기록했습니다. 여기서 더 나아가 볼보 사는 3점식 안전띠에 대한 특허를 개방해 모든 자동차 회사들이 3점식 안전띠를 자유롭게 사용할 수 있도록 했습니다. 이후 3점씩 안전띠가 현재 우리가 사용하고 있는 안전띠의 기본이 되었습니다.

안전띠의 목적이 차량 내부에서 2차 충돌을 방지하는 것이라면, 에어백은 충돌 시 충격을 줄이기 위한 장치입니다. 에어백은 안전띠의 보조 안전장치로 고안된 에어쿠션 개념이 시초가 되었습니다. 에어백은 외부 충격을 센서가 감지하면 0.05초라는 짧은 시간 안에 질소를 폭발시켜 공기 주머니가 부풀어 탑승자에게 가해지는 충격을 완화하는 장치입니다.

초기 에어백은 가슴이나 머리가 핸들에 부딪칠 때의 충격을 줄이기 위한 전면부 에어백이 전부였지만 최근에는 측면 충돌 사고와 전복 사고에 대비한 측면 에어백 및 커튼 에어백, 운전자의 무릎 보호를 위한 무릎 보호 에어백 등 탑승자의 모든 충돌 부위를 보호하는 에어백이 장착되고 있습니다.

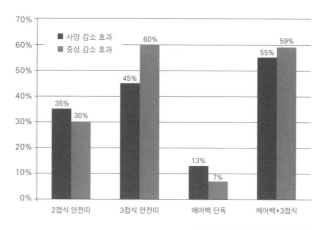

출처 : 미국 도로교통안전국(NHTSA)

안전띠와 에어백 착용 효과

잠깐! 더 배워봅시다

자동차 충돌 테스트 인형, 더미(dummy)

자동차 충돌이 사람에게 어떤 영향을 미치는지 알아보는 것은 매우 중요하다. 그러나 진짜 사람이나 시체를 자동차에 태울 수는 없다. 더미는 자동차 충돌 실험에서 인간 대신 자동차에 탑승하는 일을 맡고 있다.

자동차 충돌 실험은 단지 사고가 일어났을 때 신체의 어디를 부딪치는지 보여주는 데 그치지 않는다. 어떤 부위에 어느 정도 충격이 가해지는지, 그리고 이 충격으로 인간은 어떻게 반응하는지를 정확한 데이터로 보여준다. 이를 위해 더미는 첨단 센서로 무장하고 있다. 더미 하나당 보통 80개 정도 센서를 갖고 있는데, 로드셀, 가속도계, 변위계 등의 센서가 사용된다.

충돌할 때 특정 부위에 가해지는 힘의 양을 정확히 측정하는 센서는 로드셀(load cell)로, 더미가 갖고 있는 가장 기본적인 센서다. 충돌할 때는 엄청난 속도로 머리가 앞으로 튕겨나가기 때문에 치명적이다. 이런 위험은 물체의 가속도를 측정하는 센서인 가속도계(accelerometer)를 통해 측정할 수 있다.

인간의 목과 척추는 충돌할 때 구부러지고 움츠러들거나 늘어난다. 이 부위는 생명과 직결되는 중요한 부분이기 때문에 변위계라는 센서를 사용해 압축되거나 휘는 정도를 측정한다. 센서들은 머리, 목, 가슴, 등뼈, 팔꿈치, 복부, 골반, 대퇴부, 정강이, 발 등 온몸 구석구석에 두루 설치한다.

그러나 에어백이 아무리 많이 장착되어 있어도 사고의 다양성을 고려하면 에어백이 승객을 완벽히 보호하는 것은 아닙니다. 에어백은 반드시 안전띠와 같이 사용해야 효과가 큽니다. 정면 에어백은 안전띠와 같이 사용해야 사망자 감소 효과가 극대화되어 약 55%의 사망자를 줄일 수 있습니다. 그러나 안전띠 없이 에어백만 사용할 경우 사망 사고의 감소 효과는 13% 정도입니다.

2차 충돌에서 탑승자가 가장 많이 부딪치는 차내 장치는 핸들과 앞 유리입니다. 초기의 자동차에는 앞 유리가 없었습니다. 그래서 모터사이클을 탈 때처럼 고글을 착용했는데 자동차의 속도가 빨라지자 창유리의 필요성이 커져서 1900년대 초에 일반 유리로 된 앞면 창유리를 장착하게 되었습니다.

그러나 일반 유리는 충격을 받으면 유리 파편이 튀어 탑승자가 다치거나 사망하는 일이 빈번하게 일어났습니다. 이를 해결하기 위해 1927년에 접합 창유리가 도입되었습니다. 두 개의 유리판 사이에 PVB(Poly Vinyle Butyral) 필름이 접합되어 있어 유리가 파손되더라도 파편이 튀거나 탑승자가 튕겨져 나가는 것을 방지할 수 있게 되었습니다.

운동량과 충격량의 관계

지름 약 1m, 질량 5000kg 정도인 운석이 지구와 충돌하면 어떻게 될까요? 사하라 사막에 이와 유사한 크기의 운석이 떨어져 생긴 지름 45m, 깊이 16m의 분화구가 최근 구글 어스 위성사진을 통해 발견되었습니다. 충돌 당시 이 운석의 속력은 약 1200km/h였을 것으로 추정하고 있습니다.

운석의 크기와 속력은 운석의 구성 성분과 지구에 떨어지는 각도 등 분화구에서 얻을 수 있는 다양한 정보를 이용해 추정하는데, 이처럼 운동하는 물체가 충돌에 의해 다른 물체에 영향을 미칠 수 있는 정도를 그 물체의 운동량(p, momentum)이라고 합니다.

$$운동량(p) = 질량(m) \times 속도(v) \ (단위 : \mathrm{kg \cdot m/s})$$

운동량의 크기는 질량과 속도에 비례하고 운동량의 단위는 kg·m/s입니다. 즉, 질량이 크고 속도가 빠를수록 운동량이 큽니다. 같은 속도로 달리는 오토바이와 트럭이 있다면 질량이 큰 트럭의 운동량이 훨씬 크고, 같은 승용차라도 50km/h로 달릴 때보다 100km/h로 달릴 때 운동량이 더 큽니다.

야구공이 야구 배트에 부딪힌 다음 튕겨나갈 때나 테니스공이 테니스 라켓으로부터 짧은 시간 동안 힘을 받아 날아갈 때 두 공의 속도는 야구 배트나 테니스 라켓으로부터 힘을 받는 시간에 따라서도 달라집니다. 즉, 같은 힘을 가해도 배트나 라켓으로부터 조금 더 긴 시간 동안 힘을 받는다면 공은 더 빠르게, 더 멀리 날아가는 것입니다.

야구 배트나 테니스 라켓을 향해 날아오던 공이 방향을 바꿔 날아가는 현상은 운동량이 변한 것이라고도 할 수 있는데, 이는 공이 배트나 라켓으로부터 힘을 받았기 때문입니다. 어떤 물체에 힘이 작용하면 그 물체는 충격을 받습니다. 이때 작용한 힘과 힘이 작용한 시간의 곱이 바로 충격량(I, Impulse)입니다.

물체에 일정한 힘이 일정 시간 동안 작용했다면 물체에 작용한 충격량은 다음과 같습니다.

$$충격량(I) = 힘(F) \times 시간(t) \ (단위 : \mathrm{N \cdot s})$$

만약에 야구공이나 테니스공처럼 물체에 작용하는 힘의 크기가 일정하지 않고 시간에 따라 변한다면 평균 힘(F)을 곱해야 합니다. 충격량의 단위는 N·s입니다. 충격량은 운동량의 변화와 밀접한 관계가 있습니다. 뉴턴의 운동 법칙에서 힘과 가속도의 관계를 이용하면 충격량과 운동량 사이의 관계를 알 수 있습니다. 질량이 m(kg)인 물체가 v_0(m/s)의 속도로 운동하고 있을 때 일정한 크기의 힘 F(N)가 시간 t(s) 동안 운동 방향으로 작용하여 물체의 속도가 v(m/s)로 변한 경우, 물체에 작용한 힘 F는 아래와 같습니다.

$$F = ma = \frac{mv - mv_0}{t}$$

시간 t를 좌변으로 이항하면 $F \cdot t$, 즉 충격량이 되고, 다음과 같이 나타낼 수 있습니다.

$$I = Ft = mv - mv_0$$

즉, 물체가 받은 충격량은 물체의 운동량의 변화량과 같습니다. 충격량이 크면 운동량의 변화량이 커지는 것이지요.

똑같은 높이에서 달걀을 바닥에 떨어뜨렸을 때, 바닥이 딱딱하면 달걀이 깨지지만 푹신푹신한 방석 위에 떨어지면 잘 깨지지 않습니다. 그런데 딱딱한 유리판 위에 떨어지는 경우나 방석 위에 떨어지는 경우나 달걀이 유리판이나 방석으로부터 받은 평균 힘에 의한 충격량은 같습니다.

유리판이나 방석에 닿는 순간의 속도가 같고, 물체가 결국 정지하므로 두 경우 모두 속도 변화가 같으며, 운동량의 변화량도 같습니다. 즉, 충격량이 같습니다.

그러나 이는 평균 힘과 시간의 곱이 같다는 것이지, 각각의 크기가 같다는 뜻은 아닙니다. 유리판 대신 방석에 떨어지면 힘이 작용하는 시간이 더 길고 그만큼 평균 힘은 작아집니다. 충돌 시간을 100배 늘리면 평균 힘을 1/100로 줄일 수 있다는 뜻입니다.

만약 일정한 속도로 날아오는 물 풍선을 손으로 잡아 멈춘다면 운동량의 변화는 이미 정해진 상태입니다. 그러나 멈추는 시간에 따라 필요한 힘의 크기가 달라집니다. 손을 쭉 뻗어 풍선을 잡으면서 즉각적으로 멈추게 한다면 큰 평균 힘이 필요합니다. 반면에 손을 뒤로 빼면서 풍선이 날아오는 방향과 같은 방향으로 물 풍선을 받으면 풍선이 서서히 멈출 테니 평균 힘이 작아도 됩니다. 이 관계를 그림으로 나타내면 다음과 같습니다.

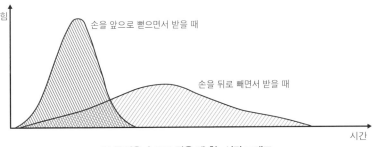

물 풍선을 손으로 잡을 때 힘-시간 그래프

그래프에서 아랫부분의 면적은 시간에 따라 작용한 힘을 누적해 계산한 결과로서 충격량을 뜻합니다. 손을 앞으로 뻗으면서 풍선을 받을 때와 뒤로 빼면서 풍선을 받을 때 운동량의 변화량, 즉 충격량이 같기 때문에 그래프 아랫부분 면적은 동일합니다.

그러나 손을 뒤로 빼면서 받으면 힘이 작용하는 시간이 늘어나기 때문에 평균 힘(충격량/시간)의 크기가 작아지고 힘의 최댓값도 작아져 물 풍

잠깐! 더 배워봅시다

작은 자동차에 탄 사람이 더 큰 충격을 받는다?

뉴턴의 제3법칙에 의하면 큰 트럭과 작은 승용차가 충돌하면 두 자동차는 같은 크기의 충격량을 받는다. 두 자동차가 충돌하는 시간도 같으므로 작용하는 평균 힘의 크기 역시 같다. 그렇다면 탑승자가 받는 충격량도 같을까?

그렇지 않다. 두 자동차가 받은 충격량의 크기가 같으므로 두 자동차의 운동량의 변화량도 같지만, 질량이 서로 다르기 때문에 속도 변화, 즉 가속도가 다르다. 큰 트럭은 질량이 크기 때문에 가속도가 작고 작은 승용차는 질량이 작기 때문에 가속도가 더 크다.

두 자동차의 가속도는 각 자동차에 탑승한 탑승자의 가속도이기도 하다. 즉, 작은 자동차에 탄 탑승자가 더 큰 가속도로 움직이는 것이다. 그러나 두 자동차의 탑승자는 비슷한 몸무게(질량)를 가지고 있으므로 질량과 가속도의 곱인 '힘'은 작은 자동차에 탑승한 탑승자에게 더 크게 작용한다. (또는 작은 자동차에 탑승한 탑승자의 운동량의 변화량이 더 크다.) 그래서 작은 자동차에 탑승한 탑승자가 더 큰 충격을 받는 것이다.

선이 터지지 않을 가능성이 높습니다.

어떤 물체가 건물에서 떨어질 때, 매트리스같이 푹신한 바닥에 떨어지면 멈추는 데 걸리는 시간이 늘어나서 받는 평균 힘의 크기가 줄어듭니다. 그러나 아스팔트같이 딱딱한 바닥에 떨어진다면 곧바로 멈추기 때문에 아주 큰 평균 힘을 받습니다.

안전사고를 예방하는 새로운 장치들

최근 유럽과 일본 등에서는 자동차를 디자인할 때 보행자의 안전을 고려하는 '보행자 보호 규제'를 실시하고 있습니다. 보행자 보호 규제의 핵심은 차량과 보행자의 충돌 사고가 일어났을 때 보행자가 차량의 보닛(bonnet) 위로 쓰러지게 하는 것입니다.

일반적으로 차량이 보행자와 충돌하면 보행자는 차량 진행 방향의 도로 쪽으로 넘어지는데, 이때 가해 차량에 다시 충격을 받는 2차 사고로 이어져 보행자가 사망할 확률이 높아집니다. 이러한 보행자 사고 특징에 의한 사망 확률을 낮추는 것이 보행자 보호 규제의 주요 목적입니다. 이는 차량의 전면 범퍼를 기준으로 하기 때문에 범퍼와 보닛 디자인에 큰 영향을 주고 있습니다.

차량 전면 후드와 보행자 간에 충돌이 일어났을 때, 보행자의 신체에 가해지는 충격을 줄이고 신체의 관성 에너지를 흡수하려면 보닛과 엔진 사이에 완충 공간이 필요합니다. 그래서 보닛의 형상을 부풀리거나, 센서에 의해 충격이 감지될 경우 보닛을 순간적으로 50mm 튀어 오르게 하는

차량 충돌 시 보행자 보호 시스템의 원리

① 범퍼 센서가 보행자 감지. ② 신호 전달 및 빠르게 보닛이 튀어 오름.
③ 공간이 줄어들며 머리 충격에 의한 에너지 흡수. ④ 반응 속도는 눈 깜박임보다 10배 빠름.

방식을 채택하기도 합니다.

이러한 변화의 특징은 차량과 보행자의 충돌 사고 시 가장 먼저 접촉이 일어나는 차량 앞부분을 부드러운 재료로 구성함과 더불어 금속 구조물 보닛을 뒤쪽으로 옮기는 것입니다. 보닛이나 범퍼가 외부의 충격을 가능한 한 최대로 흡수하게 해서 보행자의 상해 발생 가능성을 줄이려는 노력이지요. 이를 위해 라디에이터 그릴을 범퍼 구조물 내에 설치하고 외부의 충격에 파손되지 않는 부드러운 성질의 합성수지로 만들기도 합니다.

실험 활동 달걀 떨어뜨리기 실험

1m 높이에서 달걀을 떨어뜨렸을 때, 달걀이 깨지지 않게 보호할 수 있는 구조물을 만들어 실험해 보자.

준비물 : 나무젓가락(또는 빨대), 고무줄, 달걀

제한 사항 :

1. 구조물은 규정된 재료만 사용한다.

2. 달걀은 본드나 테이프 등으로 직접 고정할 수 없다.

3. 낙하 후 달걀에 금이 가거나 파손되면 실패한 것으로 간주한다.

유의점 :

1. 날달걀을 사용하기 때문에 바닥이 더러워지기 쉽다. 넓은 천막지나 하우스 비닐을 이용하여 바닥에 달걀이 묻지 않도록 한다.

2. 낙하산 종류를 사용할 경우, 낙하 시 바람의 영향이 없도록 주의한다.

3. 높이 설정을 정확하게 한다. 높이에 따라서 충격량에 크게 차이가 생기므로 구조물을 만들 때 이를 고려한다.

구조물 예시

4장

지구 시스템 속에서
살아가는 우리

지구 시스템을 이루는 하위 권역들

기권과 수권에서 일어나는 에너지 흐름과 물질 순환

지권의 변화를 설명하는 판 구조론

1 지구 시스템을 이루는 하위 권역들

⚠ 지구 시스템, 기권, 수권, 지권, 생물권, 외권, 상호 작용

수많은 산들이 첩첩이 쌓여 있는 태백산맥은 우리나라에서 가장 고지대에 해당하는 지역입니다. 이 지역의 높은 산에서는 고생대에 해양에서 번성한 삼엽충 화석이 많이 발견되고 있습니다. 히말라야 산맥이나 유럽의 알프스 산맥에서도 과거 해양에서 번성한 생물 화석인 암모나이트가 발견되지요. 어떻게 이렇게 높은 곳에서 해양 생물의 화석이 나타나는 것일까요?

삼엽충은 고생대의 표준 화석으로 사용될 만큼 다양한 종이 대량으로 번성한 생물입니다. 이 생물은 해양에서 산소로 호흡하며 살았을 것입니다. 산소는 해양의 광합성 박테리아인 남세균의 광합성에 의해 형성되었고, 광합성은 수권의 물과 기권의 이산화 탄소를 이용한 생물의 대사 작용 결과로 이루어졌습니다. 수억 년 전 번성했던 이 생물은 환경 변화로 죽어서 급격히 해저에 퇴적되어 지권의 화석이 되었는데, 이후 지각 변동으로

땅이 융기하여 산맥에서 발견되는 것입니다. 이처럼 화석은 상호 작용하는 지구 시스템의 모습을 보여주는 축소판이라고도 할 수 있습니다.

이 장에서는 지구 시스템이란 무엇이며 어떤 하위 요소들로 구성되어 있는지 알아보겠습니다.

지구 시스템이란 무엇일까?

지구 시스템은 일반적으로 지권, 기권, 수권, 생물권과 같은 하위 요소로 이루어져 있다고 보며, 여기에 외권을 추가하기도 합니다. 권은 다시 하위 요소로 나눌 수 있는데, 예를 들어 수권[20]은 바다, 빙하, 하천, 호수, 지하수 등으로 구성됩니다.

여기서 시스템에 대해 하나 더 알아볼 것이 있습니다. 무엇을 시스템이라고 부를 수 있을까요? '우주의 나머지 부분들로부터 어떤 경계를 가지면서 분리되어 있다'라는 사실을 충족해야 시스템이라고 할 수 있습니다. 시스템은 그 경계의 특성에 따라 고립계, 폐쇄계, 개방계로 나눌 수 있습니다.

고립계(isolated system)는 그 시스템이 주위와 물질 교환이나 에너지 출입이 없는 경우입니다. 그런데 고립계는 실제 세계에는 존재하지 않습니다. 다음으로 폐쇄계(closed system)가 있는데, 이는 주위와 에너지는 교환하지만 물질 교환은 하지 않는 경우입니다. 전자레인지의 경우를 예로 들어보겠습니다. 전자레인지는 전기 에너지를 이용해 내부의 요리를

---

20 수권의 빙하는 일반적인 물과 다르게 이동하기 때문에 일부 연구자들은 빙권을 지구 시스템의 하위 권으로 다루기도 한다.

외권의 별똥별과 유성에 대해 알아두면 좋은 지식

밤하늘에서 혜성은 어떻게 보일까? 혜성이 긴 꼬리를 휘날리며 밤하늘을 지나가는 것으로 착각하는 경우가 많다. 그러나 혜성의 꼬리는 유성의 꼬리처럼 지구 대기에서 생기는 게 아니라, 지구 크기의 수만 배 이상 크기로 태양을 공전하는 혜성핵과 함께 움직인다.

밤하늘에서 보게 된다면 혜성은 뿌연 중심 부분과 태양 반대 방향으로 뻗은 희미한 꼬리를 가진 정지한 천체로 보인다. 또한 별들의 일주운동같이 혜성도 동에서 남, 서로 이동해 가는 것을 볼 수 있다. 그리고 다음 날이면 전날과 비슷한 위치에서 다시 관측할 수 있으며 꼬리의 모양도 조금씩 변화한다. 그렇게 몇 달 정도 밤하늘에서 보이다가 혜성은 사라진다.

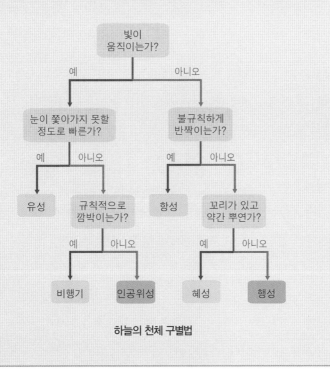

하늘의 천체 구별법

그렇다면 밤하늘에서 육안으로 보이는 다양한 천체들을 어떻게 구분할 수 있을까?

순서도에 따라 자신이 본 천체에 대해 대답하다 보면 어느 정도 정확하게 판단할 수 있다. 가장 흔한 실수가 밤하늘에서 아주 밝게 보이는 천체를 인공위성이라고 하는 것이다. 인공위성은 별처럼 보이지 않고 아주 느린 유성같이 천천히 움직이며 태양전지판이 우리를 향하는 각도에 따라 밝기가 변한다.

밤하늘에서 아주 밝게 보이는 것은 행성일 확률이 높다. 가장 밝은 별인 시리우스가 -1.5등급인데, 금성은 -3.8~-4.6등급, 목성은 -1.6~-2.9등급, 화성은 $+1.6$~-3.0등급으로 시리우스보다 훨씬 밝다. 토성은 $+1.2$~-0.2등급으로 이들 행성보다는 약간 어두우며 수성은 관측이 쉽지 않다.

가열하지만 그 물질이 밖으로 나오지는 않지요. 폐쇄계의 성격이 그렇습니다. 세 번째로 개방계(open system)가 있습니다. 개방계는 외부와 에너지 및 물질 교환이 모두 일어나는 경우입니다. 예를 들어 호수는 강물이 유입되고 태양 에너지에 의해 물이 증발하여 대기 중으로 빠져나갑니다.

그럼 지구는 이 세 가지 시스템 중 어디에 해당할까요? 과학자들은 지금까지의 연구 결과, 지구를 폐쇄계, 혹은 폐쇄계에 가장 가까운 계로 보는 데에 대부분 동의하고 있습니다. 외부의 태양 복사 에너지가 끊임없이 지구로 유입되고 있으며 이 에너지가 지표의 거의 모든 변화를 일으키는 원동력입니다. 또한 지구 역시 지구 복사 에너지를 외부로 방출하면서 온도 평형을 유지합니다.

그러나 물질을 아예 교환하지 않는 것은 아닙니다. 지구 대기권의 상층에서는 끊임없이 대기의 원자나 분자들이 우주 공간으로 빠져나가고 있으며 태양풍을 타고 들어온 물질들도 지구로 유입되고 있으니까요. 밤하늘에서 우리에게 잠깐의 경이로움을 선사하는 별똥별 역시 외부에서 지구로 유입되는 물질입니다.

그렇지만 이렇게 출입하는 물질의 양은 지구 전체의 질량과 비교하면 무의미할 정도로 적습니다. 그래서 학자들은 대부분 지구를 폐쇄계로 간주하는 것입니다.

대기가 존재하는 기권

기권은 지구의 대기가 존재하는 영역으로 지표로부터 약 1000km까지 입니다. 그러나 지구 중력의 영향으로 지구 전체 대기의 절반은 지표로부터 5.5km 이내에, 90% 이상이 20km, 99.9% 이상이 50km 이내에 분포하고 있습니다.

기권은 기온의 연직 분포에서 나타나는 특징을 기준으로 대류권, 성층권, 중간권, 열권으로 나눌 수 있습니다. 여기서 온도 분포를 만들어내는 열원에 대해 알아볼 필요가 있습니다.

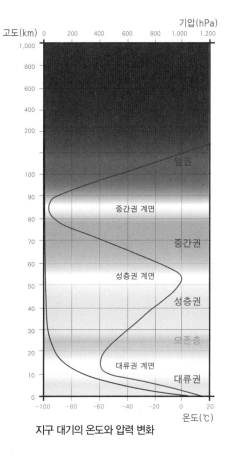

지구 대기의 온도와 압력 변화

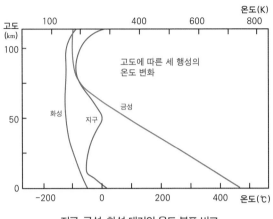

지구, 금성, 화성 대기의 온도 분포 비교

어떤 공간의 온도 분포는 열원에 가까울수록 높게 나타납니다. 이를 염두에 두고 기권의 온도 분포와 열원에 대해 파악해 봅시다.

지구 생물권과 맞닿아 있는 대류권의 온도는 아래가 높습니다. 이것은 대류권의 열원이 지표 쪽이라는 것을 의미합니다. 다시 말하면 대류권은 지구의 지표 복사를 흡수한다는 뜻입니다. 대신 태양으로부터 오는 태양 복사는 잘 흡수하지 않는다는 사실[21]도 유추할 수 있습니다. 대부분의 행성 대기는 이러한 형태를 보여줍니다. 지구형 행성 중에서 대기를 가진 금성, 화성을 보더라도 표면에서 올라갈수록 온도가 낮아지는 것을 볼 수 있습니다.

이들 두 행성은 이렇게 온도가 내려가다가 특정한 높이에 도달하면 온도가 어느 정도 일정하게 유지되고는 다시 높아집니다. 이것은 지구의 열권과 비슷하게 해석할 수 있습니다. 이 지점은 매우 희박해진 대기의 원

---

21 지구 대기는 단파 복사인 태양 복사는 잘 흡수하지 않고, 장파 복사인 지구 복사는 잘 흡수한다. 이를 지구 대기의 선택적 흡수라고 하며 이로 인해 지구의 온실 효과가 나타난다.

자들이 태양과 직접 반응하면서 온도가 상승하는 곳입니다.

이렇게만 본다면 행성 대기의 온도 분포는 대류권과 열권이라는 2개 층으로 나눌 수 있을 것입니다. 그런데 지구의 대기는 다른 두 행성과 달리 중간에 또 하나의 온도 변화 양상을 보이는 지점이 있습니다. 다른 두 행성과 다른 물질이 지구 대기에 영향을 주고 있다는 의미겠지요. 이는 바로 오존입니다.

성층권에는 오존이 다량 분포하고 있는데, 이들 오존이 태양에서 오는 자외선을 흡수하여 온도 상승 효과가 나타나는 것입니다. 태양의 자외선 이 열원이므로 이 권은 태양에 가까운 상층의 온도가 높게 나타납니다. 그래서 다른 행성과는 온도 분포가 다르지요.

그렇다면 중간권의 온도 분포에는 어떤 이유가 있을까요? 이 질문에 답 하기 위해서는 성층권이 없는 경우를 생각해 볼 필요가 있습니다. 성층권이 없었다면 중간권도 존재하지 않았을 것이고, 대류권-열권의 구조를 보였을 것입니다.

그런데 성층권의 오존 때문에 온도가 상승하였고 약 50km 고도에 도달 하면 오존이 거의 존재하지 않아 온도를 올리지 않기 때문에 중간권에서는 고도가 높아지면서 기온이 다시 떨어지는 것입니다.

열권은 지구 대기권의 최외곽에 위치하여 대기를 구성하는 물질이 태 양과 직접 반응함으로써 고도가 높아질수록 온도가 상승하는 구간입니 다. 낮에는 2000K, 밤에는 500K 정도로 온도 차가 매우 크게 나타납니 다. 2000K라면 매우 높은 온도지만 공기 분자의 밀도가 낮아서 열에너지 는 많이 가지고 있지 않습니다.

지구형 행성의 대기권은 어떻게 다를까?

지구형 행성에는 수성, 금성, 지구, 화성이 있다고 했지요. 이 중 수성은 태양과 가까워 온도가 높고 질량이 작아 중력도 낮아서 대기가 존재하지 않습니다. 대기를 가진 지구형 행성은 금성, 지구, 화성입니다. 앞에서 지구의 대기는 오존으로 인해 다른 두 행성과 다른 온도의 연직 분포를 보인다는 것을 알아보았습니다. 그러면 이런 질문이 자연스레 떠오를 것입니다.

"왜 지구에만 오존이 존재할까?"

오존은 산소 분자가 자외선에 의해 분해되어 만들어집니다. 즉, 오존이 만들어지려면 산소가 필요합니다. 이로써 지구에만 산소가 존재한 것으로 볼 수 있는데, 이는 지구의 진화 과정과 밀접하게 관련이 있습니다.

지구에는 나머지 두 행성과 달리 바다가 있습니다. 액체인 물이 있다는 뜻입니다. 금성은 태양과 너무 가깝고 이산화 탄소의 양이 많아 온실 효과의 폭주가 일어납니다. 그래서 액체 상태의 물이 존재할 수 없는 환경이 되었습니다. 화성은 너무 온도가 낮고 중력이 작아서 초기에 존재했을 것으로 보이는 물이 얼어서 지표면 아래에 묻히거나 화성 외부로 빠져나간 것으로 보고 있습니다. 반면 지구는 적당한 온도 조건을 갖춰, 물이 액체 상태로 존재하고 바다가 탄생한 것입니다.

그러나 초기 지구의 대기에는 산소가 없었습니다. 이것은 추측이 아니라 당시 형성된 암석을 이루는 광물을 통해 알 수 있는 사실입니다. 암석을 이루는 광물은 무생물이지만 생성 당시의 환경과 상호 작용하여 만들어집니다. 그런데 어떤 광물은 산소가 없는 환경에서만 만들어지고, 어떤 광물은 산소가 풍부한 환경에서만 만들어집니다. 초기 지구에서 만들어진 광물을 보면 산소가 없는 환경에서 만들어진 광물들로 구성되어 있습

오존층은 왜 기권의 중간에 많이 분포할까?

오존은 왜 지표면 부근이나 아주 높은 고도가 아닌 20~30km 사이에 많이 분포할까? 오존은 복잡한 반응을 통해 생성되는 물질이다. 대기 중 산소 분자가 태양의 자외선에 의해 산소 원자로 분해되고, 산소 원자와 분자가 다시 자외선에 의해 오존으로 합성된다. 이 과정에는 질소 분자도 참여하지만 촉매와 비슷한 역할을 할 뿐, 화합물에는 들어가지 않는다.

산소 분자는 대기 하층에 많이 분포하고 태양의 자외선이나 이에 의해 만들어진 산소 원자는 대기 상층에 많이 분포한다. 따라서 이들 두 물질이 공통적으로 많이 분포하는 영역이 20~30km의 고도가 되어 이곳에 오존이 많이 분포하게 된 것이다.

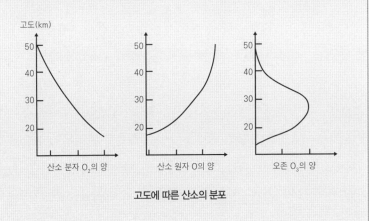

고도에 따른 산소의 분포

니다. 이러한 지질학적 증거에 기초하여 지구 초기에는 산소가 없었음을 확인할 수 있지요.

그런데 약 38억 년 전, 해양의 심해 열수 분출구 주변에서 최초의 생물이 나타났습니다. 이곳에서 풍부하게 공급되는 물질을 기반으로 최초의 생명체가 등장하고, 이후 여러 차례의 진화 과정에서 광합성 박테리아도 나타났습니다.

광합성 박테리아가 등장하고도 다시 오랜 시간이 흘러, 지구는 두 행성과 전혀 다른 대기 상태를 이루었습니다. 이 결과 오존이 형성되어 대기의 온도 구조를 바꾸었을 뿐 아니라 육상에 생명이 진출할 수 있는 환경을 만들었지요.

생물권을 분류하는 방법

약 38억 년 전 지구에 처음 등장한 생물은 오랜 진화 과정을 거쳐 다양한 생물들로 진화했습니다. 이러한 생물은 어떻게 분류할까요?

현재 생물 종은 작게는 300만 종에서 크게는 1000만 종에 이른다고 보고 있습니다. 종에는 학명이 부여되는데, 우리가 일반적으로 사용하는 학명은 앞에는 속명을, 뒤에는 종명을 붙여 구성합니다. 생물 분류학은 각 시대마다 당시까지 확인된 정보에 근거하여 분류 체계를 확립했습니다.

현미경이 사용되기 시작한 시대의 칼 린네(Carl Linné)는 '생물의 형태'에 중점을 두어 생물 분류의 기초를 쌓았습니다. 린네는 학명을 결정할 때 속명과 종명을 함께 병기하는 이명법을 채택하여 체계적인 분류 체계를 연구하였고, 현재까지도 이 규칙에 따라 학명을 기재하고 있습니다. 그러나 당시 과학적 지식의 한계로 오류가 확인되기도 합니다. 고래를 어류로 분류하고 광물을 생물로 봄으로써 생물계 전체를 동물계, 식물계, 광물계로 분류한 사례가 그 예입니다.

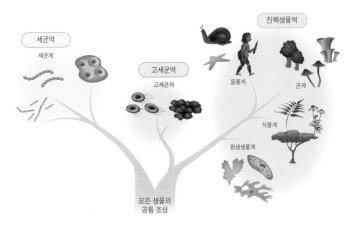

생물 분류에서의 3역(세균역, 고세균역, 진핵생물역)

분류 체계는 시대와 함께 변화하며 발전하고 있는데, 20세기 말에는 유전자 자체를 참조하는 분자 유전학의 방법이 수용되면서 기존의 분류에 대한 재검토가 진행되고 있습니다. 현재는 3역 6계의 분류를 수용하고 있습니다.

인간은 생물권에 속합니다. 그리고 지구 시스템 내에서 다른 권역과 상호 작용하며 살아가고 있지요. 지권에 발을 딛고 살고 지권에서 나오는 광물을 자원으로 이용하고, 생물이 출발한 권역이기도 한 수권의 물을 이용하여 마시고 씻고 생활하며, 기권의 공기를 통해 호흡합니다. 우리는 이렇게 지구 시스템을 구성하는 여러 권들 속에서 생활하고 있습니다.

규모가 큰 시스템을 이해하기 위해서는 작은 하위 권들의 특징을 알아보는 방법도 있습니다. 이들 하위 권들의 특징과 상호 작용을 이해함으로써 전체 시스템에 대한 이해를 높일 수 있을 것입니다.

다음 장에서는 여러 권들의 상호 작용에 대해 조금 더 자세히 알아보도록 하겠습니다.

조사 활동 프레온(CFCs) 사용 규제 사례 조사하기

1985년에 처음 인지한 남극의 오존 구멍은 '인간의 의도치 않은 환경 파괴 능력'의 강력한 상징이었다. 그러나 30여 년이 지난 지금은 '오존 구멍의 크기가 줄어들고 있다'는 희소식이 들린다. 이는 기상학자들의 예상보다 훨씬 빠른 회복이었다. 물론 오존 구멍이 완전히 정상화되기까지는 수십 년이 더 걸리겠지만, 몬트리올 의정서를 밀어붙인 과학자들은 안도의 한숨을 쉬고 있다.

《서울신문》(2016. 7. 4) 기사 요약

1. 프레온의 원래 용도와 화학적 특성에 대해서 알아보자.

2. 오존층 파괴를 막기 위해 시행했던 몬트리올 의정서의 주요 내용과 프레온이 오존층을 파괴한 메커니즘에 대해 알아보자.

3. 이와 유사하게 인간이 의도하지 않았거나 예상하지 못한 결과로 환경에 문제를 일으킨 예들을 찾아보자.

2 기권과 수권에서 일어나는 에너지 흐름과 물질 순환

ⓘ 물질의 순환, 에너지의 흐름, 황사, 편서풍, 엘니뇨, 남방진동

생물을 무생물과 구분하는 가장 큰 특징은 무엇일까요? 여기에는 다양한 답이 있겠지만 그중에서도 항상성이 대표적일 것입니다. 항상성이란 주변 변인들을 조정하여 내부 환경을 안정적이고 상대적으로 일정하게 유지하려는 시스템의 특성을 말합니다. 우리의 체온 조절 시스템이 그 예입니다.

우리 몸의 물질대사에 작용하는 효소는 온도에 따라 활성이 달라집니다. 따라서 체온을 적정선에서 유지해야만 합니다. 간뇌의 시상 하부가 피부의 모세혈관을 조절하거나 땀샘을 자극하여 체온을 조절함으로써 항상성을 유지하고 있습니다.

지구가 다른 행성과 구분되는 특징들에는 무엇이 있을까요? 역동성은 어떨까요? 지구 시스템의 지권에서는 판의 운동이 끊임없이 일어나며 지진·화산 활동과 같은 현상을 일으키고, 수권과 기권에 물질을 공급하고

있습니다. 그리고 태양으로부터 흡수한 에너지를 이용하여 물이 순환하면서 태풍 같은 강력한 기상 현상을 일으키기도 하고, 수증기 증발처럼 조용한 변화도 일으킵니다. 생물권 역시 이 모든 권역과 끊임없이 상호 작용하며 역동적인 지구의 특징을 보여주고 있습니다.

이 장에서는 이러한 지구 시스템 내부 권역들의 상호 작용으로 나타나는 물질의 순환과 에너지의 흐름에 대해 알아보겠습니다.

지구 시스템의 세 가지 에너지원

지구 시스템의 에너지원 중에서 가장 많고도 절대적인 양인 약 99.9% 이상을 차지하는 것은 태양 에너지입니다. 태양에서 지구에 도달한 복사 에너지는 대부분 지권과 수권에 흡수되며, 기권에도 일부 흡수되어 생물의 광합성에도 참여하고 생물이 죽으면 지권으로 저장되기도 합니다. 태양 에너지의 일부는 물의 순환에 영향을 미쳐 바람, 강우, 해류, 파도 등을 일으킵니다.

0.013%를 차지하는 지구 내부 에너지는 지구 내부의 핵과 맨틀에 저장된 에너지인데, 판의 운동을 일으키는 원동력이 되며 이로 인해 지진과 화산 활동이 나타나거나 암석을 순환시키는 데도 이용됩니다.

지구 전체 에너지의 0.002%를 차지하는 조력 에너지는 지구에서 달과 가까운 부분과 먼 부분에 미치는 달의 인력 차이로 생기는 에너지입니다. 태양에 의해서도 생기지만 달의 조력 에너지가 태양에 비해 2배 정도 강하지요. 그래서 일반적으로 바다의 조석은 달의 운동에 의해 지배되는 경향이 있습니다. 조력 에너지는 지구의 자전을 느리게 만드는 역할[22]을

조석력에 대하여

조석력은 두 천체의 거리의 세제곱에 반비례하고 천체의 질량에 비례하는 힘이다. 따라서 질량은 태양이 크지만 가까이 있는 달의 영향이 지구에는 크게 나타난다.

지구와 달의 공통질량중심은 지구의 중심에서 달 쪽으로 치우친 곳에 위치하며, 이 공통질량중심에 대한 회전에 따른 원심력이 그림에서 좌측으로 작용한다. 그리고 달에 의한 중력은 지구에서 달 가까운 쪽이 가장 크게 나타난다. 이러한 요소의 합이 조석으로 나타난다.

조석을 일으키는 조석력은 지구의 해수를 움직이기도 하지만, 천체들의 자전에 영향을 주기도 하며, 유성체나 혜성의 핵을 깨뜨리기도 한다.

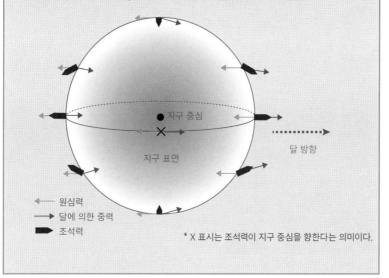

* X 표시는 조석력이 지구 중심을 향한다는 의미이다.

---

22 지구 자전이 느려지는 것은 우리가 사용하는 시계에 오차를 만들어내기 때문에 몇 년에 한 번씩 시간에 1초를 더하는 윤초를 사용하고 있다. 그래서 지난 2016년 12월 31일(그리니치 표준시 기준) 23시 59분 59초 다음에 23시 59분 60초의 윤초를 더한 후, 2017년 1월 1일 00시 00분 00초가 되었다.

하며 결과적으로 달이 점점 지구에서 멀어지게 됩니다.

이러한 세 가지 에너지는 지구 물질의 순환에 함께 나타나며 다양한 자연 현상을 일으킵니다.

탄소와 질소의 순환과 에너지 흐름

탄소는 생명체를 구성하는 탄소 화합물의 중심이 되는 원소입니다. 탄소는 다양한 형태의 화합물로 변화하면서 지구 시스템의 여러 권역을 빠르게 혹은 느리게 순환합니다.

대기 중에서는 주로 이산화 탄소(CO_2)의 형태지만 비에 녹아 수권으로 오면 대개 탄산(CO_3^{2-})의 형태로 존재합니다. 수권에서는 칼슘과 반응하여 탄산 칼슘($CaCO_3$)을 만들어 생물권으로 이동해서 생명체의 골격을

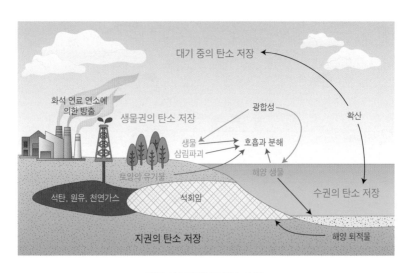

지구 시스템에서의 탄소 순환

만들기도 하고 방해석의 형태로 침전되어 지권으로 이동하기도 합니다.

한편 광합성에 의해 기권의 탄소는 생물권으로 이동하기도 하는데, 이 생물이 화석화 작용으로 석탄이 되면 지권으로 이동합니다. 지권의 탄소는 암석의 풍화나 화석 연료 사용으로 인해 다시 기권으로 순환합니다. 이런 과정에는 태양 에너지나 지구 내부 에너지가 주로 사용됩니다.

질소는 탄소와 함께 생명체의 필수 성분인 아미노산을 이루는 핵심 원소입니다. 질소는 자연에서 여러 가지 형태로 존재하는데 대기 중에서는 질소 분자(N_2)로 존재하며 암모니아(NH_3)와 산화 질소(NO)의 형태로도 존재합니다.

대기 중의 질소는 해수에 녹거나 번개에 의해 산화된 다음 비에 녹아 지권이나 수권으로 이동하며, 토양이나 바다에 서식하는 질소 고정 박테리아에 의해 산화되기도 합니다. 이 과정에서도 역시 태양 에너지와 지열 에너지가 주로 작용합니다.

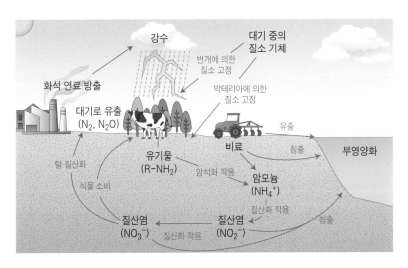

지구 시스템에서의 질소 순환

황사는 물질 순환에 어떤 영향을 미칠까?

먼지가 많으면 눈이 뻑뻑해지고 재채기가 나오고 주변 환경도 더러워지지요. 먼지는 다양한 경로로 생성되는데 사막의 먼지, 바다의 소금 입자, 꽃가루 등이 주요 원인이었다가 최근에는 공장이나 자동차에서 배출되는 미세 먼지가 여기에 더해졌습니다.

전 세계 먼지 양의 80~90%는 사막의 먼지이며 이 가운데 3분의 2가 아프리카 사하라에서, 나머지는 중국, 몽골, 중동, 미국과 호주의 사막 등에서 발생한다고 합니다.

인간을 포함해 지구의 생물들은 오랜 진화 과정에서 이러한 흙먼지를 걸러낼 수 있도록 적응해 왔습니다. 덕분에 흙먼지 대부분은 코털이나 기관지 점막에서 걸러지거나 몸 밖으로 배출됩니다. 그래서 노약자가 아닌 한 황사가 큰 문제가 되지 않았습니다.

흙먼지는 지구 전역으로 퍼져나가는데, 철을 포함한 미네랄 성분은 바다 먹이 사슬에서 필수적인 식물성 플랑크톤의 번식에 영향을 줍니다. 바다에 공급되는 대부분의 철분은 사막에서 발생한 흙먼지 안에 담겨 있습니다. 사하라 사막의 먼지 일부는 바람을 타고 대서양까지 이동합니다. 이 과정에서 일부는 해양에 양분을 공급하고, 일부는 대서양을 건너 중남미의 열대 우림까지 도달합니다. 인산염을 함유한 사하라 흙먼지는 대서양 건너편 열대 우림의 생태계를 더욱 번성하게 하지요.

중국과 몽골의 사막과 건조 지대에서 강한 바람에 날리는 황사도 흙먼지입니다. 황사는 발원지에서 3분의 1 정도가 가라앉고, 주변 지역에 일부가 가라앉으며, 절반 정도는 멀리까지 이동합니다. 중국을 벗어난 황사는 첫 번째로 한반도에 영향을 미칩니다.

우리나라 토양의 대부분은 산성화되어 있으며 특히 도시 토양은 산성도가 더 심합니다. 산성 토양에서는 유기물을 분해하는 미생물이 줄어 영양분을 제대로 만들지 못하여 농사에 어려움이 생기지요. 황사는 대부분 알칼리 성분이므로 산성 토양을 중화하는 데 크게 기여합니다.

즉, 황사 덕분에 우리나라에서 농사를 지을 수 있는 토양의 상태가 어느 정도 유지된다는 것입니다. 또한 황사 일부는 알칼리 성분을 태평양에 공급하여 태평양의 생태계에 큰 영향을 주고 있습니다.

그런데 최근 중국 동부의 황해 연안에서 산업화가 진행되면서 공장 지대의 오염 물질이 황사에 섞이고 있습니다. 기존에 생태계가 경험하지 못했던 오염된 황사가 발생한 것입니다. 이로 인해 이 지역의 생태계와 인간의 삶은 크게 영향을 받게 되었습니다.

권역의 상호 작용과 엘니뇨 현상을 일으키는 에너지 흐름

지구 시스템 하위 권역의 상호 작용은 직접적으로 보면 두 개 권역의 상호 작용으로 볼 수도 있습니다. 예를 들어 광합성은 생물권과 기권의 상호 작용이지요. 그런데 조금 더 깊이 들어가 보면 상호 작용은 훨씬 더 복잡하게 일어납니다.

광합성을 하는 식물은 지권에 뿌리를 내리고 살고 있습니다. 그리고 지권에 포함된 수권인 지하수를 뿌리로 빨아올려 광합성에 필요한 물을 얻습니다. 빛은 외권인 태양 복사 에너지에서 얻습니다. 광합성 하나만 보더라도 지구 시스템의 모든 권역이 상호 작용하고 있는 것입니다.

해안 지형도 일반적으로 수권과 지권의 상호 작용으로 암석이 침식되어 만들어진다고 알려져 있습니다. 그런데 수권의 파도는 기권의 바람에 의해 발생합니다. 바람은 외권인 태양 복사 에너지에 의해 지표면의 불균등 가열이나 다른 조건에 의해 발생합니다. 규모도 크지 않고 속력도 느리지만 생물에 의해 지권이 침식되는 경우[23]도 있습니다.

적도 주변 태평양의 동쪽에 위치한 페루 연안에서는 적도 지방의 무역풍에 의해 표층의 해수가 서쪽으로 이동합니다. 그러면서 표층 해수가 부족해져 심층의 물이 상승하는 용승 현상이 일어나지요. 상승하는 해수는 중력에 의해 심층으로 가라앉던 무기 염류를 다시 끌어올립니다. 해수 표층의 플랑크톤들은 이 물질을 섭취하고 살아갑니다.

이렇게 무기 염류가 상승하는 곳에서는 다량의 플랑크톤이 번식하게 되고 이를 먹는 물고기들도 늘어납니다. 그래서 페루 연안과 같은 용승 해역은 세계적인 어장이 되는 것입니다.

그런데 이 지역에서 몇 년에 한 번 어획량이 급감하는 엘니뇨가 나타나곤 합니다. 이 경우 무역풍과 용승의 약화가 나타나는 것을 확인할 수 있습니다. 엘니뇨 현상이 미치는 영향은 동태평양의 페루 연안을 넘어섭니다. 그 지역은 평소에도 용승에 의해 찬 해수가 올라와 서태평양에 비해 수온이 낮습니다. 그래서 고온의 서태평양에서는 상승 기류가, 고온의 동태평양에서는 하강 기류가 나타나면서 하나의 적도 순환을 만듭니다.

고온의 서태평양에서는 비가 잦고 저온의 페루 연안은 맑은 날씨가 나타납니다. 적도 주변 태평양에서의 해수 표층과 심층 사이의 물질 순환으로 에너지는 고르게 분포되고, 이는 지구 전역에 영향을 미칩니다.

---

23 해안 암석에 구멍을 뚫고 들어가 사는 천공조개(boring shell)가 그 예다. 이들은 외부로부터 자신을 보호하기 위해 어릴 때 암석에 자리를 잡고 성장하면서 조금씩 암석을 파 공간을 넓히며 살아간다.

암석에 구멍을 뚫는 조개와 지질학의 만남

세라피스(당대 로마인들이 숭배한 이집트신) 사원으로 알려져 있는 세라페움(serapeum)은 약 2000년 전에 로마 부자들의 스파 센터와 시장을 만들기 위해 건립을 시작했으나 사원으로 변경된 건축물이다. 이후 이 지역의 해수면이 몇 차례 오르내리며 사원의 기둥이 해수에 몇 번 잠겼다. 기둥에서 약간 어둡게 보이는 부분은 기둥이 해수에 잠긴 시기에 구멍을 뚫고 사는 조개(천공조개)가 남긴 것이다.

이 사원 기둥의 맨 아래층 4m 정도에는 천공조개 흔적이 없는데, 지질학자인 찰스 라이엘(Charles Lyell)은 기둥 아래가 화산재로 덮여 있었기 때문이라고 보았다. 그의 예측은 사실이었다. 실제 이 사원 아래를 덮고 있던 퇴적물은 라이엘이 방문하기 80년 전인 1749년에 제거되었다. 라이엘은 이런 지질학적 과정을 확대하여 산맥이나 계곡 등 지질 경관도 동일한 과정을 거쳐 만들어졌다고 보았다.

그런데 엘니뇨가 나타나면 용승이 일어나지 않아 동태평양의 수온이 상승하여 기존의 적도 순환이 변하게 됩니다. 적도 주변 국가들의 기상 패턴에 변화가 생기며, 이는 다른 고위도 지방까지 영향을 미쳐 마침내

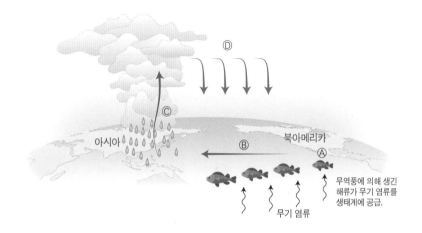

무역풍에 의해 생긴
해류가 무기 염류를
생태계에 공급.

무기 염류

아시아

북아메리카

엘니뇨가 나타나기 전 정상적인 상태의 적도 순환

Ⓐ 따뜻한 해양에서의 물의 증발로 하층 대기가 습해짐. Ⓑ 무역풍이 수증기를 서쪽으로 이동.
Ⓒ 습한 공기가 상승해 비로 내림. Ⓓ 건조 공기가 냉각되어 하강함.

전 지구적인 영향을 줍니다.

지금까지 기권과 수권의 상호 작용을 포함하는 물질의 순환과 에너지
흐름에 대해 알아보았습니다. 지구 시스템을 구성하는 하위 권역들은 끊
임없이 수많은 물질들을 교환하고 있으며 이 과정에서 태양 에너지, 지구
내부 에너지, 조력 에너지 등이 사용됩니다.

물질 교환이나 에너지 흐름의 변화로 인해 나타나는 현상에 대해서도
알아보았습니다. 이로써 지구 시스템은 매우 복잡한 시스템으로 우리가
알지 못하는 수많은 상호 작용이 일어나고 있음을 알게 되었지요.

과거에 냉장고용 냉매 프레온을 생산할 때는 인간에게 안전하고 자연
에 해가 되지 않는다고 판단했습니다. 프레온이 성층권에서 분해되어 오
존층을 파괴할지 전혀 몰랐던 것입니다. 지금은 플라스틱을 대량으로 사

용하면서 미세 플라스틱의 공포에 직면해 있습니다. 또한 현재까지는 특별한 피해가 없다고 말하는 유전자 변형 식품(GMO)을 대량으로 생산하고 있습니다.

이러한 일들이 지구 시스템에 어떤 영향을 미칠지는 아직 정확히 알지 못합니다. 따라서 지구 시스템 속에서 살아가는 우리는 임의로 시스템 내부의 물질 순환이나 에너지 흐름에 개입해서는 안 됩니다. 신중하고 겸손하게 지구 시스템 속에서 살아가는 지혜를 발휘해야 할 것입니다.

조사 활동 **인공위성의 역할 조사하기**

1. 인공위성이 우리 일상에 어떻게 기여하는지 조사한다.

예시 : 기상 관측을 위한 기상 위성, 방송을 위한 통신 위성, 전략적 목적의 군사 위성 등

2. 그중 한 가지 역할을 선정해 구체적인 사례를 조사한다.

예시 : 한 가지 예로 쓰나미 경보 시스템이 있다. 쓰나미는 해저의 지각 변동에 의해 생기며 파장이 아주 긴 해파 중 하나이다. 큰 해양에서 파의 높이는 수십 m에 불과하지만 파장이 수백수천 km나 되기 때문에 육지에서 멀리 떨어진 해양에서 이러한 해수면의 변동을 확인하기는 쉽지 않다. 여기에 사용된 것이 토펙스/포세이돈 프로젝트(TOPEX/Poseidon Project)와 같은 시스템이다.

2009년 인도네시아 쓰나미 당시 이 위성을 이용해 해수면의 변동을 관측했다. 이러한 위성을 이용하여 지진이 발생하면 주변 해양의 해수면 변동을 체크하고, 이상이 발견되면 해양 주변 국가에 쓰나미 경보를 울린다.

3 지권의 변화를 설명하는 판 구조론

! 지진, 진도, 지진 규모, 화산, 판 구조론 , 발산형 경계, 보존형 경계, 수렴형 경계

2017년 11월 대학수학능력시험이 있기 하루 전 오후, 대한민국 전역은 거대한 지진의 힘을 실감할 수 있었습니다. 수많은 사람들이 지진의 공포에 시달렸고, 시험이 1주일 연기되는 일까지 벌어지는, 기억하기 싫은 경험이었지요. 멀리 떨어진 일본에서나 일어나는 일로 여겼던 지진을 직접 겪으면서, 지진에 대한 우리의 생각도 많이 바뀌는 계기가 되었습니다.

2018년 9월엔 남한과 북한의 정상이 백두산에 오르고 천지 주변을 산책하는 일이 있었습니다. 남한의 산을 대표하는 한라산의 물과 북한의 산을 대표하는 백두산의 물을 섞는 모습도 보여주었지요. 한라산과 백두산은 한반도의 남과 북에 위치한 대표적인 화산입니다.

한때는 분화가 가까워졌다는 기사로 우리의 관심을 끌었던 백두산은 고려 시대에 대규모 분화를 하면서 엄청난 화산재를 뿜어냈고, 정상부가

붕괴되면서 칼데라가 형성되어 천지가 만들어졌습니다.

지진과 화산은 지구의 내부 에너지가 방출되는 대표적인 현상입니다. 이번 장에서는 지진과 화산을 포함하여 지권의 변화를 판 구조론적인 관점에서 알아보겠습니다.

지진을 설명하는 방식, 규모와 진도

지진이 발생하면 언론에서는 "규모 얼마의 지진이 발생했다", "진도 얼마의 지진이 발생했다"라고 보도합니다. 여기서 지진 규모와 진도의 차이는 무엇일까요?

지진 규모는 지진에서 방출되는 에너지를 수치화한 것으로 1935년 지진학자 찰스 리히터(Charles Richter)가 제안한 방식입니다. 그의 이름을 따서 리히터 규모라고도 하지요. 리히터 규모가 1.0 증가하면 지진에서 방출된 에너지는 $10^{1.5}$, 약 30배 증가합니다. 이는 지진 규모 1.0의 차이가 나는 지진에서 방출된 에너지는 30배 차이가 난다는 뜻입니다. 따라서 규모 7.0의 지진은 규모 6.0의 지진보다 30배 강하고, 규모 5.0의 지진보다 900배 강하지요.

그러나 큰 지진이 발생한다 하더라도 멀리 떨어진 지역에서는 잘 느끼지 못합니다. 이와 같이 특정 지역의 지반이 흔들리는 정도를 진도라고 합니다. 진도는 지진을 자주 겪는 나라(미국, 일본, 인도, 이스라엘, 필리핀, 타이완, 러시아, 중국 등)에서 각자 사정에 맞게 기준을 정해 사용하고 있습니다.

지진의 진도에 대한 기준이 없었던 우리나라는 2000년까지는 일본 기상청에서 사용하는 진도 계급을 사용하였으나, 2001년부터는 미국 등지에서 사용하고 있는 수정 메르칼리 진도 계급을 사용하고 있습니다.

아래는 수정 메르칼리 진도 계급의 일부 내용입니다.

I. (느끼지 못함) 미세한 진동. 특수한 조건에서 극히 소수 느낌.

III. (약함) 실내에서 소수 느낌. 매달린 물체가 약하게 움직임.

IV. (가벼움) 실내에서 다수 느낌. 실외에서는 감지하지 못함.

V. (보통) 건물 전체가 흔들림. 물체의 파손, 뒤집힘, 추락. 가벼운 물체의 이동.

VI. (강함) 똑바로 걷기 어려움. 약한 건물의 회벽이 떨어지거나 금이 감. 무거운 물체의 이동 또는 뒤집힘.

VIII. (심각함) 차량 운전 곤란. 일부 건물 붕괴. 사면이나 지표의 균열. 탑·굴뚝 등의 구조물 붕괴.

X~XII. (극심함) 건물과 구조물 파괴. 대규모 사태. 지면이 파도 형태로 움직임. 물체가 공중으로 튀어 오름.

진도는 지진 규모와 구분하기 위해 로마자를 사용합니다. 그러나 읽을 때는 숫자로 읽기 때문에 앞에 진도나 지진 규모라는 말을 붙여서 구분하는 것이 좋습니다. 수치를 말할 때 지진 규모는 소수점 첫째 자리까지 반드시 표기하며 진도는 정수로만 표기하여 구분합니다.

화산은 왜 여러 가지 모양일까?

화산은 지하의 마그마가 지각을 뚫고 올라와 화산 분출물을 쌓아 형성된 지형입니다. 화산의 활동 여부에 따라 현재 활동 중인 활화산, 지금은 활동하지 않지만 역사에는 활동 기록이 남아 있는 휴화산, 역사에 기록되기 전에만 활동한 사화산으로 분류하기도 합니다. 그러나 과학자들이 관심을 가지는 분류는 이보다는 마그마의 종류에 따른 화산의 분화형태와 화산체의 형태입니다.

마그마의 점성은 마그마의 종류에 의해 결정되는데, 크게 현무암질 마그마와 유문암질 마그마로 구분합니다.

현무암질 마그마는 맨틀 물질이 녹아 만들어진 마그마로, 지구상의 대부분 마그마가 이로부터 시작합니다. 현무암질 마그마는 점성이 작아 유동성이 크고 기체 함량이 적습니다. 따라서 폭발적인 활동을 하기보다는 조용하게 분화하며 화산 가스와 용암을 분화구 밖으로 내보냅니다. 흘러나온 용암은 빠르게 흘러 화산체의 경사가 완만합니다. 그래서 마치 방패를 엎어놓은 것 같은 순상화산을 만들게 됩니다. 대표적인 순상화산은 하와이의 마우나로아 화산입니다.

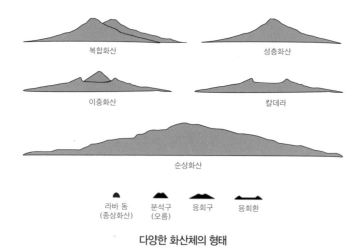

다양한 화산체의 형태

유문암질 마그마는 현무암질 마그마에 비해 점성이 커 유동성이 작고 기체 함량이 높습니다. 따라서 폭발적인 분화를 하여 다량의 화산 가스와 화산재를 뿜어내는데, 상대적으로 용암의 양은 적고 흘러나온 용암도 멀리 흐르지 못해 경사가 급한 화산체를 만듭니다. 그리고 화산체에는 용암뿐 아니라 화산재도 함께 쌓여 성층화산을 만들지요. 대표적인 성층화산은 미국의 세인트헬렌스 화산, 필리핀의 피나투보 화산입니다.

왼쪽 그림은 다양한 화산체의 형태를 나타낸 것입니다. 우리나라 제주에 300여 개가 넘게 분포하는 오름의 경우 대부분 분석구입니다. 분석구는 화산에서 분출된 스코리아(제주에서는 '송이'라고 부름)라고 부르는 암석들이 쌓여 만들어진 경사가 급한 화산체입니다. 제주 동부의 성산일출봉은 화산재가 쌓여서 만들어진 화산으로 경사가 조금 급한 편인데, 이러한 화산을 응회구라고 합니다. 제주 남서부의 송악산은 화산재가 완만한 경사로 쌓인 화산으로, 응회환[24]이라고 합니다.

지질시대 화산 활동이 남긴 영향

지구가 처음 만들어졌을 때는 온도가 상당히 높았을 것입니다. 화산 활동이나 판의 운동도 지금보다 활발했겠지요. 그렇다면 이러한 화산 활동은 과거의 환경과 생물에 어떤 영향을 미쳤을까요?

2억 5000만 년 전인 고생대 말에는 러시아의 시베리아에서 용암이 분

---

24 '구(cone)'는 화산 쇄설물이 급한 경사로 쌓인 화산체를 말하고 '환(ring)'은 화산 쇄설물이 완만한 경사로 쌓인 화산체에 붙이는 용어다.

다음 분화를 준비 중인 화산이 있다?

일반적으로 유문암질 마그마가 분출하면 점성이 커서 종상화산을 만든다. 그런데 이를 다르게 생각해 볼 필요가 있다. 유문암질 마그마는 점성도 크지만 기체 함량도 높아서 폭발적인 분출을 한다. 따라서 대부분의 물질을 화산재로 내보내고 성층화산을 만든다.

세인트헬렌스 화산의 라바 돔

폭발적인 분화가 한 번 끝나면 지하 마그마 저장소의 남은 마그마나 새로 채워지는 마그마가 조금씩 지표의 틈을 따라 올라오는 경우가 있다. 이 마그마는 폭발력이 약해 기존 화산체의 중앙에 용암을 쌓게 되는데 이렇게 형성되는 것이 일반적으로 말하는 종상화산, 라바 돔(Lava Dome)이다.

1980년 5월 18일에 폭발적으로 분화한 미국의 세인트헬렌스 화산의 경우에도 이후 분화구 중앙에 라바 돔이 성장하며 다음 분화를 준비하고 있다. 언젠가 이 라바 돔에서 다시 분화가 일어날 것이다.

출하여 호주 면적의 절반에 해당하는 넓은 지역을 용암으로 뒤덮었습니다. 이때 나온 화산재가 햇빛을 차단해 기온을 떨어뜨렸고, 화산 분출물과 함께 나온 이산화 탄소가 이후에도 대기에 잔류하면서 온실 효과를 일으켜 고생대 마지막 시기 대멸종인 페름기 대멸종을 일으킨 것으로 보고 있습니다. 이렇듯 화산 활동은 기후를 단기적으로 차갑게 하고 장기적으로는 따뜻하게 합니다.

일반적으로 무거운 물질인 화산재는 1년 정도 대기에 머물다가 낙하한다고 알려져 있습니다. 화산 활동으로 대기에 공급된 화산재는 1년 정도면 영향이 없어지는 것입니다. 대신 화산 활동으로 공급되는 수증기는 기체 상태로 대기에 상당 기간 동안 머물 수 있습니다.

대규모 화산 활동은 약 2억 년 후인 중생대 말에도 일어났습니다. 중생대 말 운석 충돌이 대멸종을 일으킨 것으로 알려져 있는데, 이 흔적이 멕시코의 유카탄 반도에서 발견되었습니다. 같은 시기에 멕시코의 정반대쪽에 위치한 인도의 데칸 고원에서 대규모 화산 활동이 일어났습니다. 운석 충돌에 화산 활동까지 일어나 급격한 환경 변화가 생긴 것이지요.

최근 강력한 화산 폭발은 1991년 6월에 필리핀 피나투보 화산에서 발생했습니다. 이때 방출된 2000만 톤의 이산화 황이 대류권을 지나 성층권의 35km 높이까지 올라간 것으로 연구되었습니다. 이 이산화 황은 낮은 온도에서 얼음으로 변해 머물렀고, 이후 1~3년 동안 햇빛을 10%가량 반사시켜 지구 평균 기온을 0.2~0.5℃ 정도 떨어뜨렸다고 알려졌습니다.

인류가 배출한 온실 기체 때문에 일어난 지구 온난화로 100년간 기온이 0.8℃ 정도 상승한 것과 비교하면, 피나투보 화산 폭발은 상대적으로 단기간에 강하게 작용했음을 알 수 있지요.

판 구조론이란

우리가 살고 있는 대륙의 이동, 화산 활동, 지진, 대규모 산맥 형성 등은 살아 있는 지구의 모습을 보여줍니다. 이러한 지구의 활동을 종합적으로 설명하는 이론적 체계가 바로 판 구조론입니다.

판 구조론은 1910년대 알프레드 베게너(Alfred Wegener)의 대륙이동설에서 시작되었습니다. 여기에 1950년대 이후 과학기술의 발전에 따라 발견된 다양한 지질학적 증거를 종합하여 1970년대에 확립된 이론이 판 구조론입니다. 지구 표면에서 나타나는 지진, 화산 활동, 습곡 산맥 형성 등 다양한 현상을 설명하는 판 구조론은 이후에도 지속적인 수정을 거쳐 발전하면서 지질학 분야의 가장 큰 이론 중 하나로 성장했습니다.

판 구조론에 따르면 지구 내부의 가장 바깥 부분은 100km 정도 두께의 딱딱한 암석권(판)으로 이루어져 있고 그 아래에는 유동성을 가진 연약권이 있습니다. 암석권은 연약권 위에 떠 있으며, 지구 표면은 아래 그림과 같이 10여 개의 주요 판으로 나누어져 있습니다.

암석권은 지각과 맨틀의 최상부로 구성되는데, 해양 지각과 맨틀로 된 해양판, 대륙 지각과 맨틀로 된 대륙판으로 구분할 수 있습니다. 해양 지각은 현무암으로, 대륙 지각은 화강암으로 구성되어 있습니다.

많이들 오해하는 것 중의 하나가 현무암이 구멍이 많아 화강암보다 밀

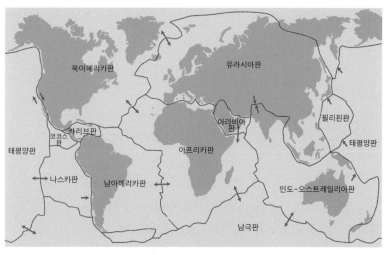

전 세계 판의 분포와 이동 방향

도가 낮을 것이라는 생각입니다. 물론 사실이 아닙니다. 현무암이 검은색을 띠는 것은 밀도가 큰 철이나 마그네슘이 포함되었기 때문입니다. 현무암은 화강암보다 밀도가 크고, 따라서 해양판이 대륙판보다는 밀도가 큽니다.

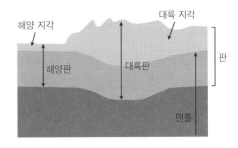

대륙판과 해양판의 구조

　그렇다면 북아메리카판은 대륙판일까요, 해양판일까요? 대부분의 대륙판은 주변에 해양 지각으로 된 부분이 있습니다. 그래서 대륙판이라고 부르지만 해양판의 성격을 가진 부분이 많이 포함되어 있습니다. 한편 태평양판이나 필리핀판 같은 해양판은 대륙 지각이 거의 존재하지 않고 순수한 해양 지각만으로 된 해양판입니다.

　판은 발산형 경계에서 생성되어 좌우로 확장되어 나가며, 수렴형 경계에서 섭입[25]하거나 충돌합니다. 보존형 경계는 판이 생성되거나 소멸하지 않는 경계를 말합니다. 발산형 경계를 확대한 그림을 보면 해령에서 만들어진 해양판이 경계 좌우로 확장되어 나가는 모습을 볼 수 있습니다. 해령의 축이 약간 어긋난 곳에서는 두 판이 서로 다른 방향으로 어긋나 지나가는 보존형 경계에서 변환단층이 나타납니다.

　해양판은 해령에서 만들어진 해양 지각과 맨틀로 이루어져 있습니다. 처음 만들어진 해양판의 밀도는 연약권보다 작지만 시간이 지나 식어가면서 차츰 밀도가 커져 연약권과 비슷해집니다. 따라서 해령에서 멀리 떨

25　판이 비스듬하게 경사를 이루며 다른 판 아래로 내려가는 것을 말한다.

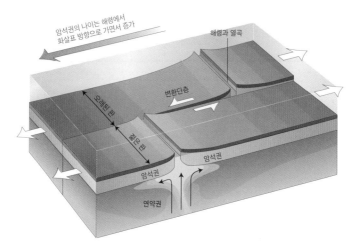

암석권의 나이는 해령에서
화살표 방향으로 가면서 증가

해령과 열곡

변환단층

오래된 판

젊은 판

암석권

암석권

연약권

발산형 경계와 보존형 경계 주변의 세부 모습

열곡은 판이 해령을 기준으로 좌우로 벌어지면서 단층이 만들어져 생긴 깊게 파인 골짜기다. 이러한 발산 경계가 육지에 나타난 예가 아프리카 북동부의 대규모 저지대인 동아프리카 열곡대다.

어진 오래된 해양판은 젊은 해양판에 비해 밀도가 큽니다.

한편 수렴형 경계는 해양판과 해양판, 해양판과 대륙판, 대륙판과 대륙판이 만나는 세 가지 경우가 있습니다. 해양판과 해양판이 만나면 밀도가 큰 오래된 해양판이 더 젊은 판 아래로 섭입하게 됩니다. 이 경우 섭입하는 해양판에 의해 생긴 마그마가 젊은 해양판을 뚫고 상승하면서 줄지어 화산섬을 만드는데, 이런 지형을 호상 열도라고 합니다. 남태평양의 피지나 통가와 같은 화산섬들이 대표적인 호상 열도입니다.

해양판과 대륙판이 만나면 밀도가 큰 해양판이 대륙판 아래로 섭입하며 마그마가 대륙판을 뚫고 상승하면서 대륙 내에 화산을 만듭니다. 이를 대륙 화산호라고 하며 안데스 산맥의 화산이나 일본의 화산이 여기에 해당합니다.

흔히 일본을 호상 열도라고 하지만 일본은 유라시아 대륙의 일부로 대

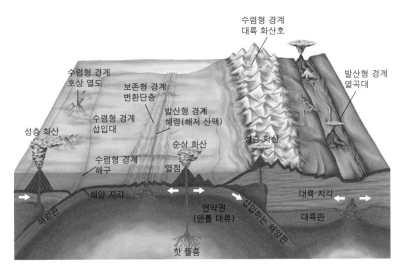

판의 경계에서 발달하는 다양한 지형과 명칭

류에서 떨어져 나와 생긴 섬에서 화산 활동이 나타나는 경우입니다.

대륙판과 대륙판이 만나는 경우에는 상황이 다릅니다. 밀도가 작은 화강암으로 된 대륙판은 서로 만나더라도 밀도가 큰 연약권 아래로 내려갈 수 없기 때문입니다. 따라서 서로 충돌하면서 습곡 산맥을 형성합니다. 마그마도 발생하지 않아 화산 활동도 거의 나타나지 않습니다. 히말라야 산맥이 대표적인 경우입니다.

지금까지 지진, 화산, 판 구조론에 대해 알아보았습니다. 판 구조론은 지구상에 나타나는 다양한 지질 현상을 하나의 체계로 설명하는 이론입니다. 물론 모든 현상을 완벽하게 설명하지는 못하지만, 지금도 계속해서 수정을 거치며 진보해 나가고 있지요. 이러한 과학적인 연구를 통해 우리는 재해로 다가올 수 있는 지진이나 화산에 대해 더 잘 이해하고 대비할 수 있을 것입니다.

바다의 해령은 주변보다 높은데 육지의 열곡대는 왜 낮은 골짜기일까?

해령은 해양에 존재하는 거대한 산맥이지만 육지에서 보는 습곡 산맥과는 전혀 기울기가 다르다. 대서양 중앙에 위치한 해령은 폭이 수천 km가 넘으면서도 높이는 몇 km에 불과하다.

해령은 아래 맨틀 대류의 상승에 의해 생기는 지형이므로 주변보다 지형이 높다. 그런데 이 해령의 중앙부에도 육지의 열곡대와 같은 골짜기가 존재한다. 새로 생긴 해양판이 좌우로 벌어지면서 생긴 열곡이 그것이다.

육지의 열곡대는 새로 맨틀 대류가 상승하면서 기존의 대륙판을 찢고 있는 지역이다. 따라서 위에 놓인 두꺼운 대륙 지각을 밀어 올리기에는 무리가 따른다. 그리고 판이 좌우로 찢어져 이동하면 그곳이 무너지면서 저지대가 만들어진다. 따라서 열곡대는 주변보다 낮은 골짜기 형태다.

그러나 이 역시 공간적인 규모는 우리가 생각하는 골짜기와는 다르다. 동아프리카 열곡대의 경우 골짜기의 깊이는 수 km가 안 되지만 폭은 수십 km에 이른다. 이곳은 저지대로 물이 풍부한 탓인지 인류의 조상인 고인류 화석, 루시가 발견된 곳이기도 하다.

동아프리카 열곡대와 같이 열곡대의 중앙에서 생성되는 판은 현무암으로 구성된 해양판이다. 열곡대가 성장하면 새로운 해양 분지가 만들어지고 중앙에서 해령이 성장한다. 지구상에 이런 모습을 가진 곳은 아프리카와 사우디아라비아 사이에 존재하는 홍해와 아덴만이다.

조사 활동 지진의 위험성을 체험하기

지구의 판 구조 운동에서 가장 급격한 에너지 방출은 화산 활동과 지진으로 나타난다. 우리나라에서 최근 지진이 자주 발생하지만, 진앙과 가깝지 않은 지역에서는 여전히 지진의 위험성을 체감하기 힘들다. 그래서 우리나라 여러 지역에서는 지진 체험관을 만들어 운영하고 있다.

1. 지역별 지진 체험관을 찾아보자.
2. 지진 체험관에서 어떤 체험을 할 수 있는지 조사해 보자.

5장

유기적이고 정교한 체제, 생명 시스템

생명 시스템을 이루는 기본 단위

물질대사의 핵심, 생체 촉매

세포 안에서 정보는 어떻게 흐를까?

1 생명 시스템을 이루는 기본 단위

(!) 생명 시스템, 세포, 세포막을 경계로 한 물질 출입

서울을 비롯한 대도시에서 버스를 타고 다니다 보면 다양한 높이의 아파트를 볼 수 있습니다. 아파트는 사람이 살아가기 위한 공간이지요. 그런데 사람이 아닌 지렁이를 위한 아파트가 있다는 것을 알고 있나요? 바로 지렁이를 키우는 사육장입니다.

지렁이를 키우는 까닭은 무엇일까요? 흙 속에서 살아가는 지렁이는 과일 껍질, 채소 같은 음식물 쓰레기를 먹고 똥을 싸는데, 이 똥에 영양분이 많아 흙을 비옥하게 만들기 때문에 지렁이가 있는 흙에서 식물이 잘 자랍니다. 또한 지렁이는 땅속을 이리저리 헤집고 다니며 뭉쳐진 땅을 부드럽게 만들어 물과 공기가 잘 통하게 만들어줍니다.

이처럼 지렁이는 '땅속의 농부' 역할을 합니다. 사람, 지렁이를 비롯한 모든 생명체는 흙, 물, 공기, 빛 등 외부 환경과 상호 작용하면서 하나의 시스템을 이루고 있기 때문에, 생명체를 생명 시스템이라고 합니다.

생명 시스템을 이루는 생명체는 지구 시스템 내에서 생태계를 이루는 중요한 생물적 요소이며, 세포라는 기본 단위로 이루어져 있습니다. 아메바, 짚신벌레 같은 단세포 생물은 하나의 세포로 생명 활동을 합니다. 식물, 동물 같은 다세포 생물은 많은 수의 세포들이 모여 조직을 이루고, 조직이 모여 기관을 이루며, 이들이 서로 유기적인 기능을 하면서 하나의 개체가 됩니다. 이와 같이 생명체는 단순한 세포들의 집합체가 아니라 유기적으로 조직되어 정교한 체제를 이루고 있는 존재입니다.

세포를 공장에 비유한다면?

생명 시스템의 기본 단위인 세포에서는 생명체가 생명 활동을 유지하는 데 필요한 여러 생명 현상이 일어납니다. 게다가 끊임없이 외부와 상호작용을 합니다. 그래서 세포를 물건을 만드는 공장에 비유할 수 있습니다.

공장은 담벼락과 출입문으로 둘러싸여 있으며, 공장의 내부에는 공장 전체를 관리하고 통제하는 통제소, 전기를 공급하는 발전소, 물건을 만들어내는 작업장 등이 있습니다. 세포의 핵은 중앙 통제소에 해당하고, 미토콘드리아는 발전소에 해당합니다. 세포질은 중앙 통제소를 제외한 공장 내부라고 할 수 있습니다. 세포에도 세포 소기관이 여럿 있어서 공장처럼 물질을 합성하거나 분해할 수 있으며, 외부와의 물질 출입을 조절하는 담벼락이자 출입문인 세포막으로 둘러싸여 있습니다.

세포는 구체적으로 어떤 구조이며, 세포를 구성하는 세포 소기관은 어떤 기능을 할까요? 세포에서 가장 무거운 세포 소기관은 핵입니다. 핵에는 유전 물질인 DNA가 있어 유전 정보가 저장되어 있으며, 공장의 통제

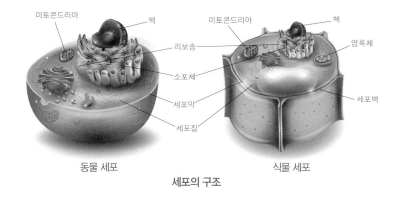

<table>
<tr><td>미토콘드리아</td><td>핵</td><td>미토콘드리아</td><td>핵</td></tr>
</table>

미토콘드리아   핵   미토콘드리아   핵

리보솜

엽록체

소포체

세포막   세포벽

세포질

동물 세포   **식물 세포**

세포의 구조

소같이 생명 활동을 조절하는 역할을 합니다. 공장의 발전소 역할을 하는 미토콘드리아는 세포 호흡이 일어나는 장소로서, 포도당을 물과 이산화 탄소로 분해하여 생명 활동에 필요한 에너지를 만듭니다.

식물은 동물과 달리 스스로 양분을 합성할 수 있는데, 그 이유는 식물 세포에 엽록체가 있기 때문입니다. 시금치 잎을 막자사발에 넣고 갈아서 얻은 추출물을 광학 현미경으로 관찰하면 초록색 알갱이를 볼 수 있습니다. 이 초록색 알갱이가 바로 엽록체입니다. 엽록체가 초록색을 띠는 것은 엽록소라는 색소 때문입니다.

엽록체에서는 엽록소가 흡수한 빛에너지를 이용하여 물과 이산화 탄소를 포도당으로 합성하는 광합성을 합니다. 광합성 결과 생성된 포도당은 곧바로 녹말로 바뀌었다가 설탕으로 전환되어 식물체의 각 부분으로 이동해 탄수화물, 단백질, 지방 등의 형태로 저장되거나 사용됩니다.

세포는 핵에 들어 있는 DNA에 저장된 유전 정보에 따라 단백질을 만들 수 있는데, 이는 세포에 리보솜(ribosome)이 있기 때문입니다. 리보솜은 눈사람처럼 생긴 매우 작은 소기관으로, 세포질에 흩어져 있거나 핵막과 연결된 주름진 주머니 형태의 소포체라는 세포 소기관에 붙어 있습니다. 핵 속의 DNA에 저장되어 있는 유전 정보가 리보솜에 전달되면, 리보솜은 그에 따라 단백질을 합성합니다.

세포에 존재하는 여러 세포 소기관들이 제대로 작동하려면 다양한 단백질이 많이 필요한데, 이 단백질들은 리보솜에서 만들어져 각 세포 소기관으로 운반됩니다. 이 외에도 크기가 매우 작아 광학 현미경으로는 관찰할 수 없지만 전자 현미경으로 관찰할 수 있는 세포 소기관들이 있습니다.

세포를 둘러싸는 얇은 막인 세포막은 공장의 담벼락 같은 역할을 합니다. 정문, 후문처럼 세포 내부와 외부 사이에서 물질을 받아들이거나 내보내는 것입니다. 식물 세포는 동물 세포와 달리 세포막 바깥쪽에 세포벽이 있어 세포의 형태를 일정하게 유지할 수 있지만 세포막에서와 같은 물질 출입 조절은 일어나지 않습니다.

생명체의 울타리, 세포막

라면을 끓여 먹으려면 물을 담을 수 있는 용기가 필요하듯이, 세포에서 생명 활동이 일어나려면 여러 종류의 세포 소기관과 다양한 물질을 담을 수 있으면서도 외부와 구별되는 공간이 필요합니다. 이 공간을 만들어주는 것이 바로 세포막입니다. 세포막은 세포 내부를 주변 환경과 분리된 공간으로 만듭니다. 세포가 생명 활동을 하려면 외부에서 필요한 물질을 받아들이고, 내부에서 생긴 노폐물을 비롯한 여러 물질을 밖으로 내보내야 합니다. 이런 역할을 하는 것이 세포막입니다.

그렇다면 세포막은 어떤 구조일까요? 세포막은 주로 인지질과 단백질로 이루어져 있습니다. 인지질은 지질의 한 종류로서 물과 친한 친수성이 있는 머리 부분과 물과 친하지 않은 소수성이 있는 꼬리 부분으로 이루어져 있습니다. 인지질 분자를 물에 넣으면 친수성 머리가 물 쪽으로 향하면서 소수성 꼬리는 안쪽으로 모인 공 모양의 구조물이 생기는데, 이를 미셀이라고 합니다.

세포 안과 밖은 주로 물이 주성분인 수용성 환경이므로 세포막은 인지질의 친수성 머리가 세포막의 양쪽 바깥으로, 소수성 꼬리가 안쪽으로 서로 마주 보며 배열되는 인지질 2중층 구조를 이룹니다. 그리고 세포막을 구성하는 단백질이 인지질 2중층의 곳곳에 박혀 있거나 관통하거나 붙어 있습니다.

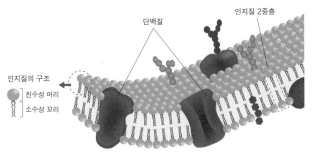

인지질 2중층

단백질

인지질의 구조
친수성 머리
소수성 꼬리

세포막의 구조

세포막을 통한 물질 출입은 어떻게 일어날까?

산소, 이산화 탄소 등과 같은 작은 분자나 소수성 분자는 세포막의 인지질 2중층을 쉽게 통과하지만, 나트륨 이온, 칼륨 이온, 포도당, 아미노산 등과 같은 친수성 분자는 직접 통과하기가 어렵습니다. 핵산, 단백질처럼 크기가 큰 고분자 물질도 마찬가지입니다.

이와 같이 물질의 종류, 크기 등에 따라 세포막을 통한 물질의 이동이 다르게 일어나는데, 이를 선택적 투과성이라고 합니다. 즉, 세포막은 어떤 물질은 잘 통과시키고 어떤 물질은 잘 통과시키지 않는 특성이 있습니다.

세포막을 통한 물질 이동은 주로 확산에 의해 일어납니다. 확산이란 농도가 높은 곳에서 낮은 곳으로 물질이 이동하는 현상으로, 세포막을 경계로 확산이 일어나면 물질의 농도 차이가 줄어듭니다.

우리 몸의 폐에서는 폐포에서 산소 기체 분자같이 크기가 매우 작은 물질이 확산에 의해 세포막을 통과해 모세 혈관으로 이동합니다.

오랜 시간 물을 주지 않아 잎이 축 처져 있던 식물에 물을 주면 잎이 살아나면서 싱싱해지지요. 이는 식물 세포막을 통해 세포 안으로 물이 이동

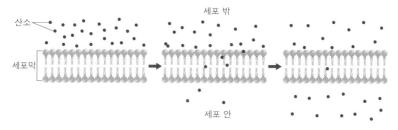

세포 밖

산소

세포막

세포 안

세포막을 통한 확산

했기 때문에 나타나는 현상입니다. 이와 같이 세포막을 경계로 세포 안팎에 용질의 농도가 다른 용액이 있을 때, 물 분자가 세포막을 통해 용질의 농도가 낮은 곳에서 높은 곳으로 이동하는 현상을 삼투라고 합니다.

즉, 용질은 쉽게 세포막을 통과하지 못하고 물은 세포막을 통과할 수 있을 때 세포막을 경계로 물이 이동합니다. 예를 들어, 신장(콩팥)의 세뇨관에서 모세 혈관으로 물이 재흡수될 때나 식물의 뿌리털이 주변 토양에서 물을 흡수하는 것 모두 삼투에 의한 것입니다.

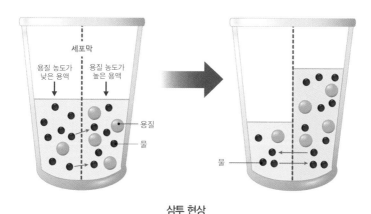

세포막

용질 농도가
낮은 용액

용질 농도가
높은 용액

용질

물

물

삼투 현상

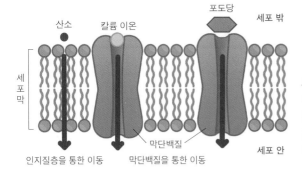

세포막을 통한 물질의 이동
세포막을 직접 통과하거나 막단백질을 이용해 물질이 이동하며, 막단백질을 통한 물질의 이동에 에너지가 소모되기도 한다.

나트륨 이온, 칼륨 이온 등과 같이 전하를 띤 물질이나 포도당, 아미노산 같은 물질은 친수성이어서 인지질 2중층 안쪽의 소수성 부분을 자유롭게 통과하기가 어렵다고 앞서 이야기했지요. 그래서 이 물질들은 세포막을 관통하고 있는 막단백질을 통해 이동합니다.

물질의 종류에 따라 통로 역할을 하는 막단백질이 다르기 때문에, 특정 단백질 통로로 특정 물질만이 선택적으로 이동할 수 있습니다. 통로 역할을 하는 단백질의 수가 많을수록 물질은 빠르게 이동합니다.

세포막을 이루는 인지질 2중층의 안쪽은 소수성이기 때문에 물과 친한 분자는 통과하기 어려우며 물과 친하지 않은 분자라도 크기가 크면 통과하기 어렵습니다. 하지만 세포의 생명 활동에 필요한 물질이라면 세포막을 구성하는 막단백질을 통해 물질이 이동하고, 때로는 에너지를 사용하여 물질을 이동시키기도 합니다.

이와 같이 세포막은 물질을 선택적으로 출입시키는 특성이 있으며, 세포막의 선택적 투과성에 의한 물질 출입 조절 덕분에 세포는 내부 환경을 일정하게 유지하고 외부 환경과 상호 작용함으로써 생명 현상을 원활하게 수행합니다.

식물 세포와 동물 세포에서의 삼투 현상

식물 세포에는 동물 세포에 없는 세포벽이 있다. 그래서 식물 세포와 동물 세포에서 삼투가 일어났을 때 나타나는 현상에 차이가 있다. 식물 세포인 양파 표피 세포를 용질의 농도가 세포 안보다 낮은 용액(저장액)에 넣으면 세포 안으로 들어가는 물의 양이 나가는 물의 양보다 많아 세포의 부피가 커지지만 세포벽이 있기 때문에 터지지 않는다.

양파 표피 세포를 용질의 농도가 세포 안과 같은 용액(등장액)에 넣으면 세포 안과 밖으로 이동하는 물의 양이 같아 세포의 부피는 변하지 않는다. 반면 양파 표피 세포를 용질의 농도가 세포 안보다 높은 용액(고장액)에 넣으면 세포 밖으로 나가는 물의 양이 들어오는 물의 양보다 많아 세포질의 부피가 작아지다가 결국에는 세포막이 세포벽에서 분리된다.

동물 세포인 적혈구를 저장액에 넣으면 적혈구 안으로 들어오는 물의 양이 많아지므로 적혈구는 부풀어 오르다가 터질 수 있다. 적혈구를 등장액에 넣으면 적혈구의 부피 변화는 없다. 눈 안에 넣는 생리적 식염수의 농도가 0.9% 소금물인 것은 이 농도가 사람의 적혈구 내부 농도와 같은 등장액이어서 눈에 넣어도 삼투로 인한 세포의 변형이 일어나지 않기 때문이다.

반면 적혈구를 고장액에 넣으면 적혈구 밖으로 빠져나가는 물이 많아지므로 적혈구가 쪼그라드는데 이를 현미경으로 관찰하면 별 모양처럼 보인다.

정상 적혈구	고장액에 넣었을 때의 적혈구	저장액에 넣었을 때의 적혈구

삼투에 의한 적혈구의 모양 변화

관찰 활동 삼투 현상 관찰하기

준비물 : 마늘 줄기, 칼, 젓가락, 유리컵, 물, 소금

1. 마늘 줄기를 8cm 길이로 3개 자르고, 한쪽 끝을 십자 모양으로 4cm씩 자른다.

2. 자른 마늘 줄기 1개는 그대로 두고, 나머지는 물이 든 유리컵과 10% 소금물이 든 유리컵에 각각 담근다.

3. 5분 후에 젓가락으로 유리컵 속의 마늘 줄기를 각각 꺼내어 접시에 둔다.

4. 그대로 둔 마늘 줄기와 물과 10% 소금물에 각각 담겨 있었던 마늘 줄기의 모습을 비교한다.

5. 물과 10% 소금물에 담가두었던 마늘 줄기에서 일어난 변화를 세포막을 통한 물질의 이동과 관련지어 설명해 본다.

2 물질대사의 핵심, 생체 촉매

💬 물질대사, 효소, 활성화 에너지, 효소의 활용

운동으로 몸을 가꾸어 균형 잡힌 몸매를 가진 사람을 '몸짱'이라고 하지요. 몸짱이 되려면 규칙적으로 운동을 해야 하는 것은 물론, 근육을 만들기 위해 닭가슴살 같은 단백질 함량이 높은 음식물을 섭취해야 합니다.

닭가슴살을 먹으면 그 안에 들어 있는 단백질이 곧바로 체내로 흡수되어 근육이 만들어지냐고요? 그런 것은 아니고 위, 소장 같은 소화 기관에서 소화 과정을 거칩니다. 닭가슴살의 단백질이 크기가 작은 아미노산으로 분해되어야 세포 안으로 들어와 근육 형성에 필요한 단백질로 합성되는 것입니다.

이와 같이 우리 몸에서는 단백질이 분해되거나 합성되는 화학 반응이 일어나는데, 이를 물질대사라고 합니다. 사람을 비롯한 모든 생명체는 물질대사를 통해 생명 활동에 필요한 물질과 에너지를 얻습니다. 물질대사

물질대사를 어떻게 구분할까?

물질대사는 크게 물질의 합성과 분해로 구분한다.

아미노산 같은 작은 분자들의 결합으로 단백질 같은 큰 분자가 합성되는 물질의 합성을 동화 작용이라고 한다. 포도당 같은 큰 분자가 물과 이산화 탄소 같은 작은 분자로 분해되는 물질의 분해를 이화 작용이라고 한다.

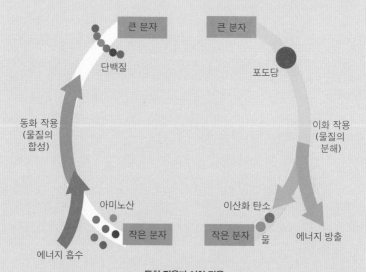

동화 작용과 이화 작용

동화 작용의 예로는 빛에너지를 흡수하고 이산화 탄소와 물을 이용하여 포도당을 만드는 작용인 광합성이 있으며, 이화 작용의 예로는 포도당을 물과 이산화 탄소로 분해하여 생명 활동에 필요한 에너지를 얻는 세포 호흡이 있다. 생명체는 물질대사를 통해 얻은 에너지와 물질을 이용해 생명을 유지하며 생장하고, 자손을 번식시킨다.

는 화학 반응이지만 생명체 밖에서 일어나는 화학 반응과는 다릅니다.

닭가슴살에 들어 있는 단백질이 생명체 밖에서 화학 반응을 통해 분해되려면 염산에 담가 200℃ 이상의 높은 온도에서 하루 동안 두어야 하지만, 생명체 안에서는 물질대사를 통해 35~37℃의 낮은 온도에서 1~2시간 만에 분해됩니다.

생명체 내에서 물질대사를 통해 단백질이 빠르게 분해될 수 있는 것은 화학 반응이 빠르고 쉽게 일어나도록 촉매 역할을 하는 물질이 존재하기 때문입니다. 이런 물질을 효소라고 합니다. 효소는 생명체 내에서 촉매 역할을 하는 단백질로서, 생명체 내에서 합성되기 때문에 생체 촉매라고 합니다. 효소는 화학 반응을 어떻게 도와주는 것일까요?

물질대사에서 효소의 역할

생명체 내에서 단백질이 아미노산으로 분해되는 화학 반응이 일어나려면 충분한 양의 에너지가 공급되어야 합니다. 이처럼 화학 반응이 일어나는 데 필요한 최소한의 에너지를 활성화 에너지라고 합니다.

아래 그림에서 효소가 없으면 왼쪽의 반응물이 오른쪽의 생성물로 되

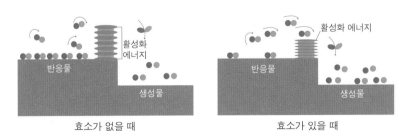

효소가 없을 때   효소가 있을 때

효소의 역할

는 데 높은 에너지 장벽, 즉 높은 활성화 에너지를 뛰어넘어야 합니다. 그러나 효소가 있으면 활성화 에너지가 낮아지므로 반응물이 에너지 장벽을 쉽게 뛰어넘어 반응이 빠른 속도로 일어납니다. 우리가 닭가슴살을 먹으면 닭가슴살의 단백질은 소화 기관에 들어 있는 단백질 분해 효소에 의해 빠른 시간 안에 아미노산으로 분해되어 흡수되지요.

효소는 생명체에서 일어나는 모든 화학 반응인 물질대사에 관여하여 생명 활동에 필요한 반응이 쉽게 일어날 수 있도록 해줍니다. 밥 한 숟가락을 크게 떠서 입안에 넣고 씹으면 잠시 후에 단맛을 느낄 수 있는데, 이는 소화 효소에 의해 녹말이 단맛이 나는 물질로 분해되었기 때문입니다. 몸에 상처가 나서 피가 났을 때도 효소의 작용으로 혈액이 응고되며, 단백질의 분해로 생성된 독성이 강한 암모니아를 독성이 약한 요소로 전환시키는 데에도 효소가 관여합니다.

식물이 빛에너지를 이용하여 광합성을 할 때도, 대장균이 포도당을 분해하여 에너지를 얻는 세포 호흡을 할 때도 마찬가지입니다. 사람뿐만 아니라 모든 생명체에서 효소가 작용함으로써 물질대사가 활발히 일어날 수 있으며, 이로 인해 생장, 번식 등의 생명 활동이 일어날 수 있습니다.

효소는 어떤 특성이 있을까?

우리가 밥을 먹었을 때와 닭가슴살을 먹었을 때 소화 기관에서 동일한 소화 효소가 작용할까요? 밥에는 녹말이, 닭가슴살에는 단백질이 들어 있고, 녹말과 단백질을 분해하는 효소는 종류가 다릅니다.

이와 같이 효소의 종류가 다른 까닭은 무엇일까요? 효소는 화학 반응을 촉진하는 과정에서 반응물과 일시적으로 결합합니다. 이때 자신의 구조에 맞는 반응물하고만 결합하여 활성화 에너지를 낮춥니다. 따라서 녹말을 분해하는 효소인 아밀레이스에는 단백질이 결합할 수 없으며, 단백질을 분해하는 효소인 트립신에는 녹말이 결합할 수 없습니다.

화학 반응이 끝난 후 효소는 어떻게 될까요? 효소는 반응이 일어나기 전과 후에 변하지 않습니다. 반응물과 결합하였던 효소는 반응이 끝나면 생성물과 분리되어 반응 전과 같은 상태가 되므로, 다시 다른 반응물과 결합하여 촉매 작용을 반복합니다.

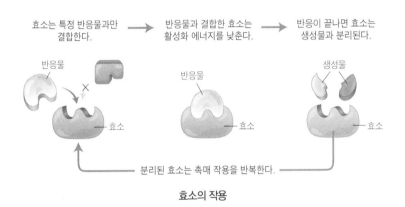

효소는 특정 반응물과만 결합한다. → 반응물과 결합한 효소는 활성화 에너지를 낮춘다. → 반응이 끝나면 효소는 생성물과 분리된다.

반응물

효소

반응물

효소

생성물

효소

분리된 효소는 촉매 작용을 반복한다.

효소의 작용

효소의 주성분은 세포의 핵에 저장되어 있는 유전 정보에 따라 세포에서 합성되는 단백질입니다. 날달걀은 액체 상태지만 이를 가열하면 내용물이 단단해지면서 성질이 변합니다. 이를 통해 단백질이 주성분인 효소도 40℃ 이상의 높은 온도에서 성질이 변한다는 것을 알 수 있습니다.

효소의 성질이 변한다는 것은 효소의 입체 구조가 변한다는 것을 의미합니다. 입체 구조가 변한 효소는 반응물과 결합하지 못하므로 더 이상 촉매 작용을 할 수 없습니다.

카탈레이스의 촉매 작용을 예로 들 수 있습니다. 카탈레이스는 과산화 수소를 물과 산소로 분해하는 반응을 촉진하는 효소입니다. 대부분의 동식물 세포에 들어 있으며, 생명 활동 결과 생긴 독성이 강한 과산화 수소를 분해하여 세포를 보호하는 역할을 합니다. 과산화 수소수에 소의 생간 조각을 넣으면 카탈레이스의 촉매 작용으로 과산화 수소가 빠르게 분해되고, 이때 생성된 산소 때문에 거품이 발생합니다.

그러나 생간 조각 대신 익힌 간 조각을 과산화 수소수에 넣으면 산소 거품이 거의 발생하지 않습니다. 열을 가하여 생간을 익히는 과정에서 카탈레이스의 입체 구조가 변하여 촉매 기능을 잃었기 때문입니다. 이를 통해 생명체의 체온과 세포 안의 환경이 일정하게 유지되어야 효소가 원활히 작용하여 생명 시스템이 유지될 수 있음을 알 수 있습니다.

생명체 내에서는 무수히 많은 종류의 물질대사가 일어나므로 효소 또한 매우 다양합니다. 그리고 그중 한 가지 효소라도 없어지거나 이상이 생기면, 그 효소가 관여하는 물질대사에 이상이 생길 수 있습니다. 만약 소화 효소가 없다면 음식을 먹어도 영양소를 분해하여 흡수할 수 없는데, 그 예로 젖당 분해 효소 결핍증이 있습니다. 젖당 분해 효소 결핍증은 우유를 많이 마셨을 때 소화가 안 되거나 설사를 하는 증세를 말합니다. 이런 증세는 젖당을 분해하는 효소가 없기 때문에 생깁니다.

일상생활에서 효소를 어떻게 활용할까?

효소는 생명체 내에서만 작용할까요? 독일의 과학자인 에두아르트 부흐너(Eduard Buchner)는 단세포 생물인 효모를 갈아서 가루로 만들고 이것을 당과 함께 섞었더니 효소 작용에 의해 이산화 탄소와 에탄올이 생성된다는 것을 확인하였습니다. 부흐너의 실험 결과로 효소는 살아 있는 생명체 내에서뿐만 아니라 생명체 밖에서도 촉매 작용을 할 수 있다는 것을 알게 된 것입니다. 이를 계기로 효소를 우리의 일상생활에서 다양하게 이용하게 되었습니다.

불고기를 부드럽고 연하게 먹으려면 불고기 양념에 파인애플이나 키위를 갈아 넣으면 되지요. 그 이유는 파인애플이나 키위에 단백질 분해 효소가 있기 때문입니다. 족발이나 보쌈을 먹을 때 흔히 새우젓에 찍어서 먹는데, 새우젓에는 단백질과 지방을 분해하는 효소가 많아 돼지고기 소화를 도와줍니다.

우리의 전통 발효 식품인 고추장, 된장은 쌀을 주원료로 미생물이 가지고 있는 효소를 이용하여 만들며, 포도주, 막걸리, 맥주와 같은 술, 치즈, 요구르트도 효소를 이용해 만듭니다. 전통 음료인 식혜를 만들 때에는 발아시킨 보릿가루(엿기름)를 물에 담가서 얻은 엿기름 물을 넣습니다. 엿기름 물에는 탄수화물을 엿당으로 분해하는 효소가 들어 있기 때문입니다.

빨래 세제와 섬유 유연제에도 효소가 들어 있어 찌든 때와 얼룩을 제거할 뿐만 아니라 옷감을 부드럽게 보호해 주며, 우리가 매일 사용하는 치약 속에도 치아에 붙어 있는 탄수화물을 분해하는 효소가 들어 있습니다.

세안제 중에는 피부의 각질층을 분해하는 단백질 분해 효소가 들어 있는 제품이 있으며, 콘택트렌즈의 세정, 보존액에도 단백질 분해 효소가 있어 렌즈에 묻은 단백질 때를 제거해 줍니다.

건강 검진에서 소변 검사에 쓰는 검사지와 혈액 속 포도당의 양인 혈당량을 측정하는 혈당 측정기에는 포도당과 반응하는 효소가 이용됩니다. 염증이 생겼을 때 먹는 약 중에는 염증 유발 단백질을 분해하는 효소가 함유되어 있는 것도 있습니다. 과식을 하여 소화가 잘 안 될 때 소화 효소가 함유된 소화제를 먹으면 소화 작용에 도움이 됩니다.

이뿐 아니라 심장 마비 환자를 치료하기 위한 혈전 용해제 등 의약품에도 효소가 포함되며, 효소 의약품 생산으로 치료하기 어려운 여러 질병을 치료할 수 있게 되었습니다. 이처럼 효소는 일상 생활에서뿐만 아니라 인간의 평균 수명을 연장하는 데에도 중요한 역할을 하고 있습니다.

생활 하수나 공장 폐수 속 오염 물질을 분해하고 독성을 없애는 데에도 미생물이 분비하는 효소가 이용됩니다. 최근에는 플라스틱 페트병을 분해하는 효소를 가진 세균이 발견되었으며, 이 세균에서 효소를 분리해 내는 연구가 진행되고 있습니다.

다양한 작용을 하는 효소들이 많이 발견되면서 옥수수 등을 이용한 바이오 에너지 생산, 섬유·의류 등 화학 제품 생산 등과 같이 여러 산업 현장에도 적극 활용되고 있습니다. 빵 반죽을 할 때는 효모를 넣고 발효시킨 후 빵을 구우면 부드럽고 식감이 좋은 빵을 얻을 수 있습니다. 이를 기반으로 제빵 산업에서는 효모가 만드는 효소뿐 아니라 녹말 분해 효소, 단백질 분해 효소 등 여러 효소를 함께 사용하여 다양하고 품질 좋은 빵들을 생산하고 있지요.

또한 사과 주스를 만들 때 펙틴 분해 효소를 이용하면 투명하면서 깔끔한 맛이 나는 주스를 얻을 수 있습니다. 청바지 옷감을 만드는 과정에서 섬유소 분해 효소를 이용하여 탈색되고 해진 느낌의 청바지를 만들며, 섬유소 분해 효소는 재생 펄프를 생산하는 데에도 이용되고 있습니다. 장갑, 가방 등 가죽을 이용한 제품 생산 과정에서 가죽의 털과 불필요한 단백질을 제거하기 위해 단백질 분해 효소를 이용하기도 합니다.

효소는 DNA와 관련된 생명과학 연구에 활용하기도 하는데, DNA를 자르는 제한 효소, DNA를 연결하는 효소, 적은 양의 DNA를 대량으로 증폭시키는 데 이용하는 효소 등이 있습니다.

특히 DNA를 대량으로 늘리는 기술에 사용되는 효소는 온천 같은 뜨거운 물속에 사는 세균에서 얻은 것으로, 이 효소의 발견으로 원하는 DNA를 많이 얻을 수 있게 되어 생명체의 유전 정보가 담긴 DNA 관련 연구가 더욱 발전하게 되었습니다.

DNA를 대량으로 늘리는 기술은 실생활에서도 응용됩니다. 예를 들어 야산에서 유골이 발견되었을 때 유골의 신원을 파악하거나, 범죄 현장에서 발견된 여러 증거물로 용의자를 밝혀내는 등 여러 분야에서 DNA를 분석할 때 이 기술이 활용되고 있습니다.

효소는 생명체 내에서 만들어진 물질이므로 위험성이 거의 없고 매우 친환경적이며, 생명체 밖에서는 매우 적은 양으로도 그 기능을 할 수 있습니다. 현재 과학기술의 발달로 다양한 효소가 발견되었고, 효소를 대량으로 생산하는 게 가능해져서 이용 분야가 점차 확대되고 있습니다. 이제 생명체 내에서뿐 아니라 생명체 밖에서도 인류의 윤택한 생활과 건강, 지구 환경 개선을 위한 효소의 활약을 기대해 봅니다.

실험 활동 효소(카탈레이스)의 유무에 따른 과산화 수소 분해 실험

카탈레이스는 과산화 수소를 물과 산소로 분해하는 효소로, 감자, 브로콜리, 당근, 간 등에 많이 들어 있다. 이를 이용해 과산화 수소 분해 실험을 해보자.

준비물 : 3% 과산화 수소수(약국 판매용), 감자, 브로콜리, 당근, 물, 소의 생간(정육점에서 구입), 유리컵 5개(A ~ E), 과도, 핀셋

1. 유리컵 5개에 각각 과산화 수소수를 1/4 컵의 분량으로 넣는다.

2. 감자, 브로콜리, 당근, 생간을 채로 썰듯이 잘게 조각을 낸다.

3. 유리컵 A에는 물을, B에는 감자 조각을, C에는 브로콜리 조각을, D에는 당근 조각을, E에는 생간 조각을 각각 넣는다.

4. 각 유리컵 안에서 생기는 변화를 관찰하고, 생성된 거품의 양을 비교한다.

3 세포 안에서 정보는 어떻게 흐를까?

(!) 세포 내 정보의 흐름, 유전자, RNA, 단백질, 전사 번역

최근 여름은 과거의 어느 해보다도 덥고 습한 데다가 한낮에는 내리쬐는 자외선 때문에 피부 손상을 걱정해야 할 정도였습니다. 뜨거운 햇살 아래에서 오랜 시간 활동하고 나면 피부는 평상시보다 검어지고, 사람에 따라서는 피부에 기미가 생기기도 합니다.

이는 자외선으로부터 피부를 보호하기 위해 멜라닌이라는 색소 물질이 만들어지기 때문입니다. 피부 세포에 멜라닌 함량이 많은 사람일수록 피부색이 더 검게 보이지요. 이런 멜라닌은 어떻게 만들어질까요?

멜라닌을 만드는 세포에는 멜라닌 합성 효소가 있으며, 이 효소의 작용으로 멜라닌이 합성됩니다. 그렇다면 멜라닌 합성 효소는 어떻게 만들어질까요? 멜라닌 합성 효소의 주성분은 단백질이고, 단백질 형성에 관한 정보는 유전자(DNA)에 저장되어 있습니다. 멜라닌 합성 효소 유전자에 저장된 정보에 따라 멜라닌 합성 효소가 만들어지며, 이 효소의 작용으

로 멜라닌이 합성됨으로써 피부색이 갈색 또는 검은색을 띠게 되는 것입니다.

단백질은 피부색뿐만 아니라 귀 모양, 혀 말기, 쌍꺼풀, 머리카락 등과 같은 다양한 형질이 나타나게 합니다. 또한 생체 촉매인 효소, 신호 전달 물질인 호르몬, 병원체를 제거하는 항체의 구성 물질이자 세포의 주요 구성 성분으로서 생명 시스템을 구성하고 유지하는 역할을 수행합니다.

멜라닌 합성 과정에서와 같이 형질 발현뿐 아니라 생명 시스템 유지에 중요한 역할을 하는 단백질에 대한 정보는 유전자에 있습니다. 우리가 가진 유전자는 부모로부터 물려받은 것입니다. 유전자에 저장된 정보는 어떻게 단백질로 전달되는 것일까요?

생명의 연속성을 지키는 정보의 흐름

유전자는 핵산의 한 종류인 DNA에서 특정 단백질 형성에 관한 유전 정보를 가진 부위를 뜻합니다. 앞에서 살펴본 것과 같이 DNA를 구성하는 염기의 종류는 4가지인데, 4가지 염기가 배열된 순서에 따라 단백질 형성에 관한 정보가 결정됩니다.

단백질을 이루는 단위체는 아미노산이며, 어떤 아미노산이 어떤 순서로 배열되어 있느냐에 따라 단백질 종류가 결정됩니다. 따라서 유전자의 DNA에는 특정 단백질의 아미노산 종류와 순서에 대한 정보가 담겨 있는 것입니다.

A(아데닌), T(타이민), G(구아닌), C(사이토신) 4가지 염기로 단백질을 구성하는 20가지의 아미노산을 지정하려면 몇 개의 염기가 1조가 되어

야 할까요? 2개의 염기가 1조가 되면 4×4=16가지의 경우의 수가 있어 20가지의 아미노산을 모두 지정할 수는 없지만, 3개의 염기가 1조가 되면 4×4×4=64가지의 경우의 수가 있어 20가지의 아미노산을 모두 지정할 수 있습니다.

따라서 유전자의 DNA 염기 배열 순서에서 연속된 3개의 염기가 하나의 아미노산을 지정할 수 있습니다. DNA에서 하나의 아미노산을 지정하는 연속된 3개의 염기를 3염기 조합이라고 합니다. 3염기 조합은 세균에서부터 사람에 이르기까지 지구에 존재하는 모든 생물에서 동일합니다.

예를 들어 메티오닌이라는 아미노산을 지정하는 3염기 조합이 TAC라면 모든 생물에서 메티오닌의 3염기 조합은 TAC입니다. 이런 까닭에 사람이 가진 인슐린 유전자를 생명공학 기술로 대장균에 넣으면 대장균에서 사람 세포에서 만든 것과 동일한 인슐린이 만들어집니다. 생명체가 동일한 3염기 조합을 사용하는 것을 통해, 우리는 모든 생명체가 공통 조상으로부터 진화되어 왔음을 추측할 수 있습니다.

3염기 조합이 연속적으로 배열된 유전자로부터 어떤 과정을 거쳐 단백질이 만들어질까요? 유전자의 유전 정보는 RNA로 전달되고, 세포 소기관인 리보솜에서 단백질이 합성됩니다. 이때 유전자로부터 RNA가 만들어지는 과정을 전사라고 하며, 전사를 통해 만들어진 RNA가 리보솜과 결합하여 RNA에 전달된 정보에 따라 단백질이 합성되는 과정을 번역이라고 합니다.

DNA의 3염기 조합이 전사되어 형성된 RNA의 연속된 3염기를 코돈이라고 합니다. 전사가 일어날 때 DNA의 염기가 배열된 순서에 따라 상보적으로 짝이 되는 염기가 결합하면서 RNA가 합성됩니다. RNA를 구성하는 염기의 종류는 유라실(U), A(아데닌), G(구아닌), C(사이토신)이며, DNA의

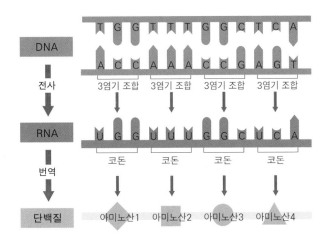

유전 정보의 흐름

유전자(DNA)에 저장된 유전 정보는 'DNA → RNA → 단백질'의 순서로 전달된다.

염기 A, G, C, T의 상보적 짝이 되는 RNA의 염기는 순서대로 U, C, G, A 입니다.

예를 들어 DNA의 3염기 조합이 AGC이면 이에 대응하는 RNA의 코돈 은 UCG이며, 코돈 UCG는 세린이라는 아미노산을 지정합니다. 이처럼 RNA의 코돈이 합성될 때 유전 정보는 DNA에서 RNA로 전달되고, RNA 의 코돈에 따라 아미노산이 지정되어 단백질이 합성됩니다.

DNA는 2개의 가닥으로 이루어져 있으며, 2개의 가닥 중 한 가닥이 전 사에 이용됩니다. 위 그림에서 전사에 이용되는 DNA 가닥의 염기 서열 은 ACCAAACCGAGT이고, 이 가닥으로부터 전사된 RNA의 염기 서열 은 UGGUUUGGCUCA이며, 이 RNA에 있는 코돈은 UGG, UUU, GGC, UCA입니다. 이 코돈들이 각각 지정하는 아미노산이 코돈이 배열된 순서 에 따라 결합하여 단백질이 만들어지는 것입니다.

합성된 단백질 중에는 헤모글로빈과 같이 세포의 구성 성분이 되는 것도 있고, 생명체에서 형질이 나타나게 하는 것도 있으며, 효소와 같이 생명 현상이 유지되도록 작용하는 것도 있습니다.

지구에 존재하는 모든 생명체는 DNA를 전사하여 RNA를 만든 후, 코돈을 번역하여 단백질을 합성합니다. 이와 같이 유전자에 저장된 유전 정보가 유전자(DNA) → RNA → 단백질 순으로 전달되는 것을 세포 내 정보의 흐름이라고 합니다.

그런데 왜 DNA에서 RNA가 만들어지는 과정을 전사, RNA로부터 단백질이 합성되는 과정을 번역이라고 할까요? 전사는 글이나 그림을 옮겨 베끼거나 말소리를 음성 문자로 옮겨 적는다는 의미가 있습니다. DNA의 유전 정보가 RNA로 옮겨질 때 그대로 복사되므로 전사의 사전적 의미와 통하지요. 그래서 DNA에서 RNA가 만들어지는 과정을 전사라고 하는 것입니다.

번역은 어떤 언어로 된 글을 다른 언어로 옮기는 것을 의미합니다. RNA로부터 단백질이 합성되는 과정은 RNA에 염기의 순서대로 저장되어 있는 정보를 아미노산의 종류와 순서로 바꾸는 과정이기 때문에 번역이라고 하는 것입니다.

현재까지 확인한 바로는 지구에 살고 있는 생명체는 모두 유전 물질로 DNA를 가지고 있습니다. 모든 생명체는 DNA에 있는 유전자의 염기 서열에 담겨 있는 유전 정보를 이용하여 단백질을 합성하는데, 이때 동일한 유전 부호와 동일한 방식으로 유전 정보가 전달됩니다.

유전 정보 전달 방식은 지구에 최초의 생명체가 출현한 후 현재까지 계속 사용되고 있으며, 부모와 자손에서도 동일한 방식으로 단백질 합성이 이루어지므로, 생명체는 세대를 거듭하여 생명의 연속성을 유지할 수 있는 것입니다.

유전 정보에 이상이 생긴다면?

세포 내 정보의 흐름에 따라 DNA의 유전 정보가 RNA를 거쳐 단백질로 합성됩니다. 만약 단백질 합성에 관한 정보를 담고 있는 DNA에 이상이 생긴다면 어떻게 될까요?

혈액에 들어 있는 적혈구에는 단백질인 헤모글로빈이 있으며, 헤모글로빈은 산소를 운반하는 역할을 합니다. 적혈구는 둥근 원반 모양으로 가운데가 오목하게 들어간 형태입니다. 건강한 사람이라면 누구나 둥근 원반 모양의 적혈구를 가지고 있습니다. 그런데 낫 모양 적혈구 빈혈증을 나타내는 사람의 경우에는 적혈구가 낫 모양입니다. 헤모글로빈의 구조가 정상적인 헤모글로빈과 다른 것입니다. 낫 모양 적혈구에 들어 있는 헤모

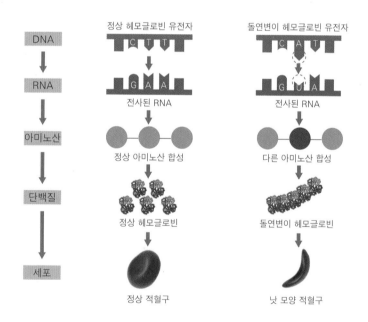

정상 적혈구와 낫 모양 적혈구의 형성

잠깐! 더 배워봅시다

유전자 이상으로 인해 물질대사에 이상이 생긴 사례

아기가 태어났을 때 부모들이 가장 궁금한 게 무엇일까? 아마도 아기에게 눈, 코, 귀, 입, 손, 발이 모두 정상적인 모습으로 갖추어져 있는가일 것이다. 선천적으로 특정 효소가 없는 아기는 갓 태어났을 때는 건강하게 보이지만 차츰 시간이 지날수록 몸에 이상이 나타나기 시작한다. 이와 같이 특정 효소의 결핍으로 물질대사에 이상이 생기는 질환(선천성 대사 이상 질환) 중 하나가 페닐케톤뇨증이다.

페닐케톤뇨증은 아미노산의 한 종류인 페닐알라닌을 분해하는 효소의 유전자에 변이가 일어나 생긴 열성 유전자를 부모로부터 각각 물려받아 발병한다. 페닐케톤뇨증은 생후 6~12개월에 걸쳐 증상이 나타나기 시작하는데, 이때 치료받지 않으면 심각한 뇌 손상을 입고 학습장애를 겪게 된다.

우리나라에서는 모든 신생아를 대상으로 페닐케톤뇨증을 비롯한 대표적인 6가지 선천성 대사 질환을 확인하는 검사를 실시하고 있다. 이 검사는 출생 후 일주일 이내에 신생아의 발뒤꿈치를 작은 바늘로 찔러서 소량의 혈액을 검사용 카드에 떨어뜨리고 혈액을 분석하여 진행한다.

선천성 대사 이상 질환은 대부분 겉으로 증상이 드러나지 않고, 유전자 돌연변이로 발생한 것이므로 완치가 어렵다. 그러나 출생 직후 혈액 검사로 빠르게 이상 유무를 파악한 후 조기 치료를 하면 선천성 대상 이상으로 발생하는 질병의 고통을 줄일 수 있다.

글로빈의 구조가 정상과 다른 이유는 헤모글로빈 유전자의 염기 서열에서 염기 1개가 돌연변이에 의해 바뀌었기 때문입니다.

이로 인해 RNA에 전달된 정보가 달라지고, 달라진 정보에 따라 헤모글로빈을 구성하는 1개의 아미노산이 원래와 다르게 합성됩니다. 그 결과 헤모글로빈의 입체 구조가 바뀌면서 헤모글로빈끼리 결합하여 길쭉한 구조를 이루게 되고, 이러한 구조물이 적혈구 안을 채워 원반 모양의 정상 적혈구 대신 낫 모양의 적혈구가 만들어지는 것입니다.

낫 모양 적혈구는 원반 모양의 정상 적혈구보다 쉽게 파괴되어 산소를 운반하는 능력이 떨어집니다. 그래서 빈혈을 일으키지요. 낫 모양의 적혈구가 서로 뭉쳐져서 모세 혈관을 막아 콩팥, 뇌 등 여러 기관에 손상을 일으키기도 합니다.

이와 같이 유전자에 담긴 정보가 달라지면 이로부터 합성되는 단백질의 구조가 달라질 수 있으므로, 유전자는 생명 설계도라고 할 수 있습니다.

모의 활동 세포에서의 유전 정보 흐름으로 역할 놀이하기

1. 3명이 모둠을 구성하여 DNA, RNA, 리보솜의 역할을 맡는다.

2. DNA는 다음에 제시된 자신의 염기 배열 순서를 종이에 써서 RNA에게 보여준다.

GAC TGA GGA CTC CTC TTC

3. RNA는 DNA의 유전 정보를 전사하여 종이에 쓴 다음 리보솜에게 전달한다.

4. 리보솜은 아래의 코돈−아미노산 표를 활용하여 RNA의 첫 번째 염기부터 염기 3개가 지정하는 아미노산을 차례대로 종이에 써서 단백질 ㉠을 완성한다.

코돈	아미노산	코돈	아미노산
CUG	류신	GAG	글루탐산
ACU	트레오닌	AAG	라이신
CCU	프롤린	GUG	발린

5. DNA는 11번째 염기 타이민(T)을 아데닌(A)으로 바꾼 다음에 제시된 자신의 염기 배열 순서를 종이에 써서 RNA에게 보여준다.

GAC TGA GGA CAC CTC TTC

6. 과정 3, 4를 반복하여 단백질 ㉡을 완성한다.

7. 단백질 ㉠과 ㉡의 차이점을 비교하고, 이를 근거로 유전자에 이상이 생기면 단백질에는 어떤 이상이 생기는지를 세포 내 정보의 흐름과 연관지어 토의해 보자.

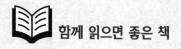
함께 읽으면 좋은 책 ◇◇◇

1장 물질은 어떻게 생겨나고 모였을까?

『**주기율표로 세상을 읽다**』(2017). 요시다 다카요시 지음, 박현미 옮김, 해나무

주기율표를 보는 방법을 매우 효과적이고 친절하게 가르쳐주는 책이다. 초신성의 폭발로 등장한 다양한 원소들, 존재량이 많은 원소를 활용하는 생명체, 자석을 더욱 강하게 만드는 희토류, 인체가 착각해서 받아들이는 독성 물질 등 우주·지구·인체를 둘러싼 흥미로운 원소 이야기를 만날 수 있다.

『**폴링이 들려주는 화학 결합 이야기**』(2010). 최미화 지음, 자음과 모음

이 책에서는 우리 눈에 보이는 모든 것이 무엇으로, 어떻게 이루어졌는지 알아본다. 물과 친한 분자는 무엇이고, 친하지 않은 분자는 무엇인지, 플라스틱은 왜 물에 녹지 않는지, 세상에서 가장 작은 물질인 원자는 어떻게 구성되어 있는지 등을 배울 수 있다.

『**우주 생명 오디세이**』(2009). 그리스 임피 지음, 전대호 옮김, 까치

"저 광활한 우주는 어떻게 시작되었고, 인간을 포함한 생명은 어떻게 탄생했을까?" 이 책은 밤하늘을 바라보며 별과 우주에 대해 생각하는 인간이라면 가질 법한 질문에 대한 답을 담고 있다. 코페르니쿠스 혁명, 우주화학을 통한 생명의 기원, 극한의 미생물들, 태양계의 지구와 생명체에 대한 다양한 이야기를 만날 수 있다.

『**한 권으로 충분한 지구사**』(2010). 가와카미 신이치·도조 분지 지음, 박인용 옮김, 전나무숲

46억 년간 진행된 지구의 역동적인 변화를 6개의 주요 사건(지구의 형성과 생명의 탄생, 대륙 지각의 기원, 광합성의 시작, 초대륙의 형성, 다세포 동물의 출현, 고생대말 생물 대량 멸종)으로 나누어 이야기 형식으로 서술한 책이다. 판 구조론, 퇴적학, 지구 내부의 특징에 대한 자세한 설명부터 인류의 출현까지 다루고 있다.

2장 자연은 어떤 물질로 이루어져 있을까?

『**이중나선(개정판)**』(2019). 제임스 왓슨 지음, 최돈찬 옮김, 궁리

DNA의 이중 나선 구조를 밝혀낸 왓슨이 동료인 프랜시스 크릭과 함께 DNA의 구조를
밝히기까지의 과정을 담아낸 책이다. DNA 분자 구조를 밝히기 위한 여러 과학자들 간의
경쟁과 갈등, 실패와 좌절, 우연히 떠오른 영감 등이 생생하게 묘사되어 있고 DNA의 분
자 구조를 더 자세히 이해할 수 있다.

『**10만 종의 단백질**』(2017). 뉴턴코리아 편집부 지음, 아이뉴턴(뉴턴코리아)

콩, 소고기, 생선 등과 같은 음식물 속에 들어 있는 단백질을 영양소로만 인식하는 경우가 많
다. 그러나 단백질은 근육, 머리카락 등을 구성하는 물질이자 효소, 항체, 호르몬 등으로 작
용하기도 한다. 만약 우리 몸에 단백질이 없다면 생명 활동은 일어나지 않을 것이다. 이 책은
단백질의 구조, 종류, 기능 등을 글과 그림으로 쉽게 이해할 수 있도록 해주는 '단백질 입문
서'라고 할 수 있다.

3장 역학적 시스템, 힘과 운동은 어떻게 작용할까?

『**어메이징 그래비티**』(2012), 조진호 지음, 궁리

중력을 둘러싼 주요 개념들이 어떤 식으로 변화해 왔는지를 펼쳐내는 과학 만화이다. 30여 명의 철학자와 과학자들이 엎치락뒤치락 반전에 반전을 거듭하는 흥미진진한 구성이 돋보인다. 이 책을 통해 중력이 무엇인지 제대로 알고 시시각각 변해온 우주관에 대해서 이해할 수 있다. 중력에 대한 이해가 어떻게 우주를 이해하는 것으로 이어지는지 살펴볼 수 있는 기회가 될 것이다.

『**과학사(개정판)**』(2013), 김영식·박성래·송상용 지음, 전파과학사

과학 분야에 종사하게 될 많은 학생들에게 과학의 진정한 의미를 깨닫게 할 책이다. 인류의 과학 발전이 전개된 과정과 의미를 학습하면서 과학의 발전이 어느 개인의 연구 성과로 이루어진 것이 아님을 밝힌다. 과학적 발견과 성과가 나타나게 된 배경을 이해함으로써 좀 더 사회적인 맥락으로 과학사를 바라볼 수 있게 도움을 줄 것이다.

4장 지구 시스템 속에서 살아가는 우리

『천재지변 탐사학교』(2008). 자연탐사학교 지음. 청어람미디어

현장 교사들이 중심이 되어 서술한 책이다. 지구가 겪게 되는 다양한 천재지변을 구분하여 1교시에는 태풍, 번개, 토네이도를, 2교시에는 지진, 화산, 산사태를, 3교시에는 지구 온난화, 대기 오염, 물 부족 문제를, 4교시에는 천체 충돌, 지구 자기권에 대해 다룬다. 이 과정에서 독자들이 지구 시스템을 구성하는 여러 권들의 상호 작용에 대해 이해할 수 있도록 했다.

『내가 사랑한 지구』(2015). 최덕근 지음. 휴먼사이언스

40여 년간 암석과 화석을 연구한 저자의 삶과 지구에 대한 철학이 배어나는 서술로 판 구조론에 대해 이야기하는 책이다. 지질학이라는 학문을 정립시키는 데 기여한 과학자들 이야기, 베게너의 대륙이동설, 해양저 확장설과 지구자기장에 관한 이야기, 판 구조론이 나오기까지의 과정을 흥미진진하게 서술했다.

5장 유기적이고 정교한 체제, 생명 시스템

『**생명: 그 아름다운 비밀에 대해 과학이 들려주는 16가지 이야기**』(2014), 송기원 지음, 로도스

'생명'의 본질과 기원에 대한 16가지의 질문을 통해서 복잡한 생명 현상을 쉽고 명쾌하게 설명한다. 생명을 '생명의 본질과 기원', '생명의 발생, 재생산 그리고 노화', '생명의 현상 그리고 윤리'로 구분하여 생명에 대한 기본 지식뿐 아니라 생명에서 비롯된 여러 현상들이 무엇이며, 우리에게 어떤 영향을 주는지 살펴본다.

『**우타쌤 김우태의 한눈에 사로잡는 생명과학 개념편**』(2013). 김우태 지음, 들녘

고등학교 생명과학 교과서의 내용을 이해하는 데 필요한 기본 개념들을 상세히 설명하고 있다. 생물체의 특성과 구조, 생물을 구성하는 기본 구조인 세포, 물질대사와 효소의 역할 등 생물의 기본 개념에 대해 체계적으로 서술하고 있으며, 사람 중심의 생명 현상을 탐색하고 이해함으로써 자신이 속한 지구 생태계에 대해서도 생각해 볼 수 있도록 구성되어 있다.

본문 일러스트 | 김소정 · 송승희
본문 사진 | 셔터스톡

통합과학 교과서 뛰어넘기 1

초판 1쇄 2020년 1월 6일
초판 3쇄 2023년 11월 20일

지은이 | 신영준 · 김호성 · 박창용 · 오현선 · 이세연
펴낸이 | 송영석

주간 | 이혜진
편집장 | 박신애 **기획편집** | 최예은 · 조아혜
디자인 | 박윤정 · 유보람
마케팅 | 김유종 · 한승민
관리 | 송우석 · 전지연 · 채경민

펴낸곳 | (株)해냄출판사
등록번호 | 제10-229호
등록일자 | 1988년 5월 11일(설립일자 | 1983년 6월 24일)

04042 서울시 마포구 잔다리로 30 해냄빌딩 5 · 6층
대표전화 | 326-1600 **팩스** | 326-1624
홈페이지 | www.hainaim.com

ISBN 978-89-6574-981-3
ISBN 978-89-6574-980-6(세트)